大禹手绘系列丛书

建筑手绘教程

张云龙　钟克维　王帅　著

中国水利水电出版社
www.waterpub.com.cn
·北京·

内容提要

本书为大禹手绘系列丛书之一，是对建筑手绘进行全面解析的综合教程，以建筑手绘方法为基础，解决建筑手绘难点为目标，提升建筑手绘水平为宗旨。本书包含建筑手绘概述、手绘基础训练——线条与透视、建筑材质与配景、建筑手绘绘图方法、建筑手绘赏析、扫扫看视频、读书笔记赏析，共7个章节，内容由浅入深，全面详细。"扫扫看视频"为本书的特色章节，读者可扫描书中二维码观看作者对一张建筑手绘图的绘制全过程及绘制过程中的讲解指导。

本书可供建筑、规划、景观等设计类专业低年级同学了解手绘、高年级同学考研备战，也可供手绘爱好者及相关专业人士参考借鉴。

图书在版编目（ＣＩＰ）数据

建筑手绘教程 / 张云龙，钟克维，王帅著. -- 北京：
中国水利水电出版社，2017.5
（大禹手绘系列丛书）
ISBN 978-7-5170-5433-7

Ⅰ. ①建… Ⅱ. ①张… ②钟… ③王… Ⅲ. ①建筑画
—绘画技法—高等学校—教材 Ⅳ. ①TU204.11

中国版本图书馆CIP数据核字(2017)第115213号

丛 书 名	大禹手绘系列丛书
书 名	建筑手绘教程 JIANZHU SHOUHUI JIAOCHENG
作 者	张云龙 钟克维 王帅 著
出版发行	中国水利水电出版社 (北京市海淀区玉渊潭南路1号D座 100038) 网址: www.waterpub.com.cn E-mail: sales@waterpub.com.cn 电话: (010) 68367658 (营销中心)
经 售	北京科水图书销售中心 (零售) 电话: (010) 88383994、63202643、68545874 全国各地新华书店和相关出版物销售网点
排 版	中国水利水电出版社微机排版中心
印 刷	北京博图彩色印刷有限公司
规 格	200mm×285mm 16开本 12印张 222千字
版 次	2017年5月第1版 2017年5月第1次印刷
印 数	0001—4000册
定 价	68.00元

序

——为手绘初学者驳"为设计而手绘"

最近听一位设计师在讲座上说："我们不要为了手绘而手绘，而要为了设计而手绘（这位设计师的手绘表现还是很好的）。"我感觉他这种说法并不适合于每个人，特别是不适合于手绘初学者。

现阶段同学们在训练手绘时，常会迷茫于到底是手绘表现重要？还是方案设计重要？我暗暗在想，其实每个人心里都很清楚手绘对于一个设计师的重要性，因为你画的每一条线都是你思维的发散，每一个新的想法都会通过线条表现出来，在线与线、光与影交错之间，手绘成为了设计师创造新空间的必备技能。

著名建筑师安藤忠雄在谈到手绘时曾说："我一直相信用手来绘制草图是有意义的。草图是建筑师造就一座还未建成的建筑时，与自我还有他人交流的一种重要的表现方式，建筑师孜孜不倦地将自己的构思勾画为建筑草图，然后又从图中得到新的启示，通过一遍遍不断重复这个过程，建筑师推敲着自己的构思，他的内心斗争和'手的痕迹'赋予了草图以生命力！"（引自《大师草图》）。

我是从事手绘教学的，也热爱手绘这门充满想象力的技艺，所以你让我说手绘不重要真的很难。有些"大师"总说不要为了手绘而手绘，但是说实话，他已经到了一定的高度，起码他能画出一手自己或者他人能看得懂的手绘。而有一些老一代建筑师们总是对我们这些手绘初学者唱高调，说什么"不要为画而画，要为设计而画"，把许多初学者越弄越糊涂，把众多爱好者越搞越迷茫，好像他们当初训练手绘的时候没有经历过"为画而画"的阶段似的。所以，我要申明的是为设计而手绘是目的，不是阶段。那么阶段是什么呢？对于一位手绘初学者来说阶段就是"为手绘而手绘"。手绘初学者如果不经历老一代建筑师们曾经经历过的那段艰苦的岁月，又怎能在短期内拥有一个基本的建筑手绘表现能力呢？

同时，有考研究生的同学说，"我要考研，手绘并不重要，考研考的是建筑设计的构思过程与最终成果，不是手绘的自我理念表达"。其实说这种话的同学自己也明白，图面的表现力也是很重要的，只不过是给自己找了个懒于练习手绘的理由罢了！这就如同你找女朋友，你说善良重要呢？还是颜值重要呢？我们肯定不会排斥一个内心善良而颜值又高的女孩。有位老师说："常有同学问我，快题中表现重要还是设计重要，那么我请问，如果你连一张建筑草图都画不好，我都怀疑你对这个专业能有多么热爱！"

常常有同学问我练手绘需要旷日持久吗？我的回答是：你是搞设计的，没必要把时间过多地花费在手绘上。但是现实情况是你应当抽出一定的时间去好好训练积累技艺，需要之时才能及时发挥、一展身手。因为手绘不是设计师学习的目的，只是丰富建筑表现力的手段和技艺。做好的建筑设计才是未来设计师们如今学习的目的。手绘只不过是为了让自己想象的一个建筑项目方案能够既快速、简易又充满个性地表达出来的一种技能，简而言之，学手绘其实是为了更好地表达建筑设计方案。

曾经有位学生总结的一句话让我印象深刻，他说："大学里有的同学报电脑班一个月就学好了，有的同学报电脑班从大一培训到大学毕业也没学好。"其实他的意思很简单，就是说学一门技能你得专心致志，只要你用心，一个月掌握一门技术并不是一件很难的事情。好好训练一个月，学完这段时间你也就可以不必再纠结于对手绘技法的单纯追逐，转而把自己的精力完全放在对设计的思考和学习上。多读书，多做读书笔记，这个时候你就到了为了设计而手绘的阶段。

总而言之，手绘的学习要经历两个阶段，一个是为了手绘而手绘，一个是为了设计而手绘，我们不能逾越阶段。所以，对于手绘初学者而言还是应当立足于手绘的基本技法，等你的练习到了一定阶段之后就不要再为了手绘而手绘了，而应该为了设计而手绘，因为你学习的是设计而不是要从事手绘教育！

希望你能理解：为设计而手绘是目的，不是过程。一己之见、望多指教！同时衷心地希望同学们能够快乐地学习，也希望能和大家多交流。把这段文字写在本书的开始，是希望同学们能意识到学习手绘的重要性和学习手绘应该趁早！

本系列丛书由本人负责统筹规划、设计与人员安排，建筑、规划、景观、室内分册分别由本人、田虎老师、李永老师、王玥老师作为主要负责人进行

策划与编写，同时，在此过程中得到了中国水利水电出版社土木建筑分社各位编辑的大力支持与积极配合，在此对各位老师与编辑表示诚挚的感谢。

　　建筑手绘教程一书由本人、钟克维老师、王帅老师作为主要编写人员，负责了本书的章节编排、文字编写与插图绘制，杨苗苗老师负责了部分插图的绘制，在此一并表示感谢。作为大禹手绘从 2009 年成立至今第一次正式出版的手绘系列教程，其意义不仅在于给读者们传达专业手绘的技能与方法，更重要的是我们手绘老师对自己多年工作的一次总结、思考与提升。教学相长，相信手绘老师们和读者朋友们都能在此书中得到自己特别的收获。由于时间和编者水平有限，书中难免存在一些不足之处，在此恳请读者与老师们批评指正，不吝赐教。

张云龙

2017 年 6 月

作者简介

张云龙
大禹手绘创始人　西安建筑科技大学建筑学硕士　手绘游戏活动策划人

拥有十年素描和色彩绘画基础，八年建筑画教学经验，学员过万人次，遍布国内外。常年的教学实践积攒了丰富的教学经验和建筑画的专业表现技巧，多年一直在坚持寻找并发展适合建筑专业学生的手绘表现技法。

钟克维
大禹手绘武汉校区校长　大禹手绘武汉校区创始人

毕业于西安美术学院，中国建筑学会室内装饰会员、中国手绘协会会员、大禹手绘建筑景观基础部主管。从业六年培养大批手绘优秀人才，教学生动富有激情，深受学生们喜爱。2013年任职中山大学建筑设计研究院，同年被评为大禹手绘金牌讲师。曾策划出版《2013年大禹建筑新版图集》《大禹建筑画图集精编版》《大禹手绘景观基础资料集》《建筑快题100例》。

王帅
大禹手绘西安校区校长　大禹手绘西安校区合伙人

毕业于西安美术学院，大禹手绘基础部主管、中国建筑学会室内装饰会员、景观资格认证设计师、中国手绘学会会员。曾出版《大禹建筑图资料集》《2013年大禹建筑新版图集》，并指导出版《建筑快题100例》。

杨苗苗
建筑快速手绘表现主讲　大禹手绘北京校区合伙人

建筑学硕士在读研究生，属于西安建筑科技大学和内蒙古建筑科技大学联合培养学生。在大禹手绘任教四年，先后任职辅导老师、班主任、督学等职位，现在大禹手绘主讲快速手绘表现。积累了丰富的辅导和教学经验。擅长快速表现和考研读书笔记的整理。教学认真仔细并富有激情，能很好地解答同学们提出的各种问题。

目　录

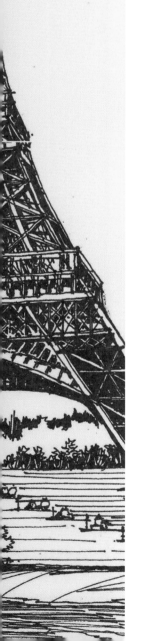

第 1 章　建筑手绘概述

1.1　建筑手绘表现认知

1.1.1　建筑与艺术概述

　　纵观世界建筑教育体系中，巴黎美术学院体系和 ETH 体系占有重要地位，巴黎美术学院体系又称为布扎体系，ETH 体系就是比较有代表性的包豪斯体系，巴黎美术学院体系后来发展到美国，承接其传统的主要院校就是梁思成先生的母校——宾夕法尼亚大学。同时由于中国第一代建筑师多是在这个院校学习或者受这个院校影响的，所以当把建筑教育引入当代中国的时候就势必带上了巴黎美术学院的印记。如刘家琨等一些建筑师依旧是受这样的传统建筑教育成长的。时至今日，依旧影响到我们本科所学的水墨渲染，建筑学入门考试的美术加试等等。

　　在建筑学的教育过程中，绘画是我们学习的一部分，建筑本身也是艺术，但不属于纯艺术。建筑画所传达的内容十分丰富，如结构、材料、装饰、光影等等，但建筑画与其他绘画不同之处在于它表现的是三维空间。结构是空间中的结构，材料也是形成空间的材料，装饰是在空间中装饰，光影是空间中的光影。建筑画是三维空间的表现，如图 1.1.1 所示。

图 1.1.1　建筑手绘作品赏析

1.1.2 大师草图

　　让我们一起走进大师的草图艺术世界。《大师草图》一书中介绍了16位建筑大师的草图作品，如图1.1.2～图1.1.5所示。建筑师高迪说过，"如果要对建筑的细部有更深入了解，那就把它画下来"。赖特在做流水别墅方案时，基础资料在3月就送来了，但是直到8月，他仍没有拿出设计方案。终于到了9月的一天，在业主考夫曼的再三催促之下，（另一说法是在快到赖特工作室的路上），赖特快速地在地形图上勾画出了第一张手绘草图，著名的流水别墅其实早已经在赖特的脑海里孕育成熟。

　　由此可见，建筑手绘技艺是建筑师表达设计理念最快速最有效的手段！

图1.1.2　《大师草图》一书

图1.1.3　妹岛和世的草图

图1.1.4　博塔的草图

图1.1.5　流水别墅的手绘图

1.1.3 建筑画表现分类

　　建筑画的表现形式有纯钢笔画、炭笔画和铅笔画等等，色彩渲染表现方式有水彩表现、马克笔表现、透明水色和彩色铅笔表现等等，如图1.1.6～图1.1.10所示，以上是常用到的表现方式，这些方式在考研快题表现中也常常会被用到。

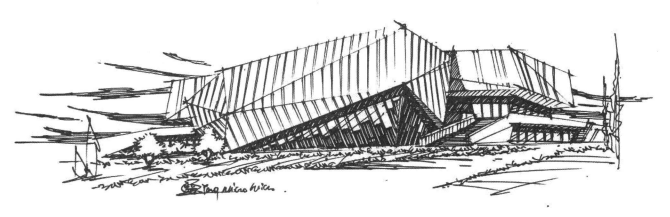

图 1.1.6 钢笔表现

图 1.1.7 炭笔表现

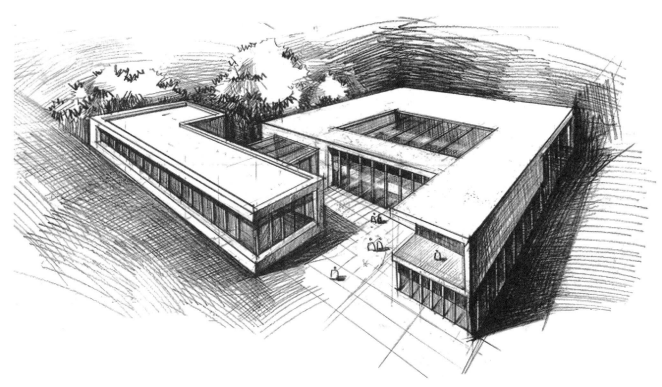

图 1.1.8 铅笔表现

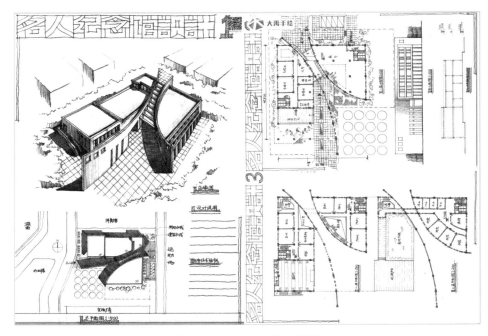

图 1.1.9　铅笔表现的快题

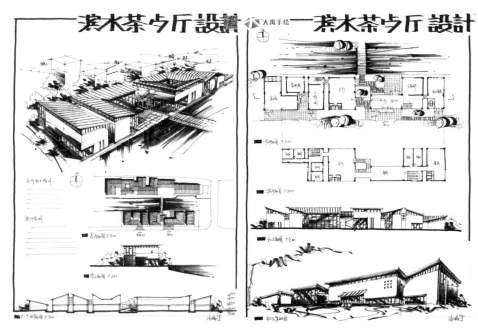

图 1.1.10　钢笔 + 马克笔表现的快题

在建筑画的几种表现技法中，钢笔画法是最常用到的技法之一，钢笔画的工具非常普通，常以钢笔、签字笔或美工笔为工具。不同的工具和不同的使用方法，可表现出不同的线条和笔触，根据线条组合的特点，可将钢笔画归纳为以下 4 种画法。

1. 线描（结构）画法

用线条能够清晰地表现建筑的透视、比例和结构关系，是研究建筑形体和结构关系的有效方法。这种画法在造型上有一定的难度，容易使画面走向空洞与平淡，因为完全需要依靠线条在画面中的合理组织与穿插对比来表现建筑的空间关系和虚实关系。绘制过程中，要求作画者不受光影的干扰，排除物象的明暗阴影变化。在对客观物体作具体的分析后，能够准确地抓住对象的基本组织结构，从中提炼出用于表现画面的线条。通过钢笔线描式画法的练习，可以加强对建筑形体结构的理解和认识。如图 1.1.11 所示。

图 1.1.11　线描画法示意

2. 明暗（素描）画法

在光的作用下，物体会呈现出一定的明暗关系。明暗画法是研究建筑形体的有效方法，学好这种画法对认识空间关系和物体的体量关系可以起到十分重要的作用。明暗画法依靠线条或点的密集、组合形成不同明暗程度的面或同一面中不同的明暗变化。完全以面的形式来表现建筑的空间形体，不强调构成形体的结构线。这种画法具有较强的表现力，画面所呈现的建筑，其空间及体积感强，容易做到画面重点突出，层次分明。通过钢笔明暗式画法的练习，可以培养学生对建筑空间虚实关系及光影变化的表现能力，从而拓展作品的视觉张力。如图 1.1.12 所示。

图 1.1.12　明暗画法示意

3. 综合（线面）画法

　　综合画法是在钢笔线描画法的基础上，在建筑的主要结构转折点或明暗交界处，有选择地、概括地施以简单的明暗色调，强化明暗的两极变化，剔去无关紧要的中间层次的一种画法。此画法容易刻画，强调某一物体或空间的关系，又可保留线条的韵味，突出画面的主题，并能避其所短而扬其所长，具有较大的灵活性和自由性。画面往往以精简的黑白布局而显得精练与概括，赋予作品很强的视觉冲击力和整体美感。如图 1.1.13 所示。

4. 速写（意象）画法

　　速写画法是在较短的时间内，简明扼要地把建筑的形态特征与空间氛围表现出来的一种画法。其用笔随意、自然，画面的线条显得松

图 1.1.13　综合画法示意

散但有条理，建筑的形体一般由多根线条反复组合而成。这种画法往往不能表达建筑的结构细节，只能体现建筑设计的意象及其空间的氛围效果。通过快速画法的训练，可以锻炼作画者在较短时间内敏锐的观察力和准确、迅速地描绘对象，整体地把握画面的能力，有助于后续设计过程中设计构思的顺利表达。如图1.1.14所示。

图1.1.14　速写画法示意

1.1.4　初学者的常见问题

1.透视、比例不准

无论物体呈何种几何形状都必然存在三个方向的度量——长、宽、高，比例所研究的是这三个方向的关系问题。

一切造型艺术，都存在着比例关系是否和谐的问题，和谐的比例可以给人带来美的视觉享受，如图1.1.15～图1.1.20所示。埃及的金字塔，造型由单层发展成多层的阶梯形最后成为光滑的四棱锥体，显得厚重且敦实，是古埃及人智慧的结晶。在希腊古典文化时期，古希腊人对建筑各部分之间的比例尺度，各部分之间所涉及的某种数的关系是否和谐统一，进行了美学上的深入探讨。如檐部所形成的水平线条与柱廊所形成的垂直线条控制着整个构图；山花檐部的实与柱廊的空，实与虚的对比，控制着阳光下的光与影。

2.忽视细部结构，形体表现不清晰

有些同学在表现建筑形体的时候对于整体结构形体的表达没有问

图 1.1.15 实景照片 1

图 1.1.16 实景照片 1 透视正确

图 1.1.17 实景照片 1 透视错误

图 1.1.18　实景照片 2

图 1.1.19　实景照片 2 "拱" 比例正确

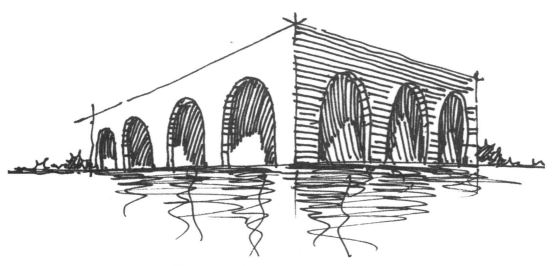

图 1.1.20　实景照片 2 "拱" 比例错误

题，而对于细部结构的把握却表现得模糊不清。一幅优秀的建筑表现图，对形体的组合方式、材质以及细部结构的表现都应该刻画得准确到位。如图 1.1.21 ~ 图 1.1.23 所示。

图 1.1.21　实景照片

图 1.1.22　结构不清晰，形体偏散

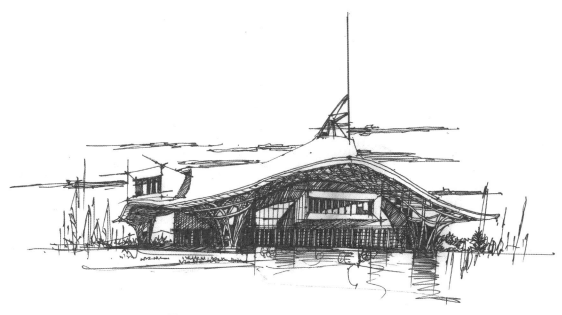

图 1.1.23　结构清晰，形体紧凑

1.2　建筑手绘工具材料

虽然说"工欲善其事，必先利其器"，有好的工具确实可以帮助我们提高图面的表现能力，但也不用过于迷信工具，不要夸大其作用。我们对选用任何工具都要以发掘工具的特性为目的，同时也不要排斥任何其他工具，而应该要学会了解工具，进而才能有效地利用工具，使画面达到理想的效果。

选择合适的工具对于手绘初学者来讲非常重要。只有使用合适的工具才能帮助我们更好地进入到手绘训练的正规方向上来。徒手绘图的前提是建立绘图工具和纸张之间的"友好合作"关系。即使是经过专业训练的绘图高手，让他用硬铅笔在劣质纸张上画图也注定将"一图无成"。

以下是一些常用绘图材料和工具的简介。如图 1.2.1 所示。

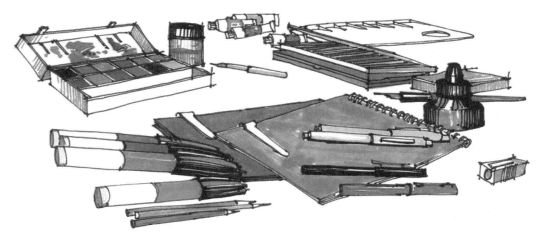

图 1.2.1　常用绘图工具

1.2.1 纸张

1. 白报纸

我们一般用的都是白报纸，也称为再生纸，如图 1.2.2 所示。这种纸张比较软，笔在纸上画线时，线条很容易变粗，感觉线条有一种被渲染的感觉，显得很漂亮、生动。但不足之处在于这种纸张的被刻画能力不强，用于画草图，表现大关系还可以，无法用于绘图者深入描绘细节！

2. 复印纸

我们常用的复印纸品牌是 Double A（80g），如图 1.2.3 所示。这个品牌相比于中华纸更光滑也更厚实。相同品牌的还有百旺等。

图 1.2.2　白报纸

图 1.2.3　复印纸

3. 硫酸纸

硫酸纸在部分学校的考研中会应用得到，这种纸张在绘图者学习初期训练起来较难掌控，但稍加训练后上手也很快。也有用这种纸张来拓图的，这也是一种很好的训练方式。如图 1.2.4 所示。

图 1.2.4　硫酸纸

1.2.2　画板

初期训练阶段用复印纸画图时，建议使用 A3 画板，如图 1.2.5 所示。使用画板可以解决垂直线较难画的问题，旋转画板将垂直线倒成水平线来画，这个问题就得到了很好的解决。同时利用画板也能解决透视矫正的问题，这个道理就像开车一样，和纸面保持一定的倾斜角度可以减轻透视的斜度，也能减轻视觉疲劳。

图 1.2.5　画板

1.2.3　绘图笔

1. 钢笔

建议绘图者使用的钢笔有以下几个品牌：凌美牌钢笔、英雄牌钢笔 007 和 382、百乐牌钢笔等，如图 1.2.6 ~图 1.2.8 所示。一般不建议初学者使用钢笔，因为钢笔作画比较挑纸，对于很光滑的纸面，比如硫酸纸，或者较粗糙的纸面，比如绘图纸或者素描纸，都是不适合用钢笔作画的。

图 1.2.6　凌美牌钢笔

2. 会议笔

因会议笔笔帽上有个小红点，很多同学习惯性地称其为"小红帽"。这种笔比较适合初学者和画快题的同学使用。这种笔的笔芯采用碳素纤维头，笔头较软，吃纸较稳，线条不打滑，很容易上手掌握。如图 1.2.9 所示。

图 1.2.7　英雄牌钢笔 007

图 1.2.8　百乐牌钢笔

3. 圆珠笔

因为圆珠笔笔尖比较硬，画线比较滑，线条比较难控制，不太适合初学者使用。其优点是这种笔的线条比较干净，而且圆珠笔不挑纸张，什么纸上都能画。作为训练了半年以上的同学可以尝试使用。如图 1.2.10 所示。

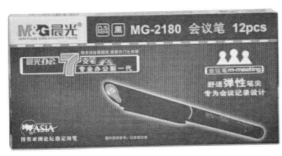

图 1.2.9　会议笔　　　　　　　　　　图 1.2.10　圆珠笔

4. 中性笔

用中性笔画出的线条比较细，效果较好，但控制起来有一定难度，不建议初学者使用，建议训练半年之后再接触。如图 1.2.11 所示。

5. 铅笔

用铅笔表现出的光影关系非常明确，在近几年的考研快题中，越来越多的学生青睐于使用铅笔作为图画表达工具。在西安建筑科技大学的考研快题中，初试时已经明确要求学生需用单色作图，复试要求学生不许用彩色。在这样的要求下，很多同学逐渐地转向使用铅笔这种表现力更强的工具。如图 1.2.12 所示。

图 1.2.11　中性笔　　　　　　　　　　图 1.2.12　铅笔

自动铅笔常用来起草稿，对于图面的构图有很好的辅助作用，如图 1.2.13 所示。但是一定要尽量降低对铅笔的依赖，这种依赖以"用铅笔的时间为标准"。比如，铅笔起草稿的时间控制在 3 ~ 5 分钟为宜，对于控笔能力强的人来讲，钢笔一样可以直接用来起稿。

起草稿：是指在开始正式绘图之前，先用几根主要的结构线控制图面的比例，线条一般比较轻，比较概括。

1.2.4 尺子

绘图有徒手和尺规之分，两者并不矛盾，初学者不要把二者完全分开。对于画线能力把握不太好的同学，可以借用尺子控制好线条，在快题表现中用尺子作图也显得图面干净，如图 1.2.14 所示。但是，也要注意用尺子可能会引起的问题，如线条容易显得呆板，画线不自然，无舒展的美感等，这需要长期的作图历练磨合，俗话说"熟能生巧"，同学们画线时稍微注意总结手感，逐步练习就可以使线条画得流畅舒展了。

图 1.2.13 自动铅笔

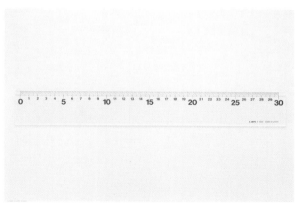

图 1.2.14 尺子

1.3 建筑学同学常见问题解答

在这几年的教学活动中，常常会碰到一些同学问相同的问题，在这里笔者回答几个有代表性的问题，供大家参考。

1.3.1 手绘学习对考研有多大帮助？

如果您准备考研却天天练习手绘，那真是不聪明，如果抱着各大手绘班的手绘书练习手绘，那是真不聪明！您考虑过没有，哪位读研究生的同学是靠天天画手绘考上的，如果天天画手绘图可以考上研究生，教您的手绘老师早就考上了！相反，现实情况却是老师画得再好，却不一定能考上研究生。

1.3.2　现在大四马上要考研，手绘依然很差怎么办？

如果说您是大三、大四的学生了，手绘功夫还是很差怎么办？解决的办法有以下两种。

（1）尺规作图，因为尺规可以画得很规范，只要您作图规范，即使图面表达较差阅卷人也很难看出来。

（2）读书笔记，大量的读书笔记不仅可以增加自己的设计语汇，而且可以训练自己绘图时把握点、线、面的能力。同时以后在考研面试时可以直接拿给导师翻阅，没有哪位导师不喜欢平时勤做读书笔记的学生。如图 1.3.1、图 1.3.2 所示。

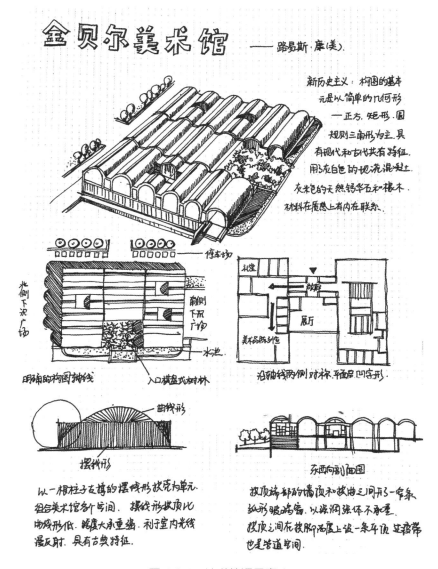

图 1.3.1　读书笔记示意 1

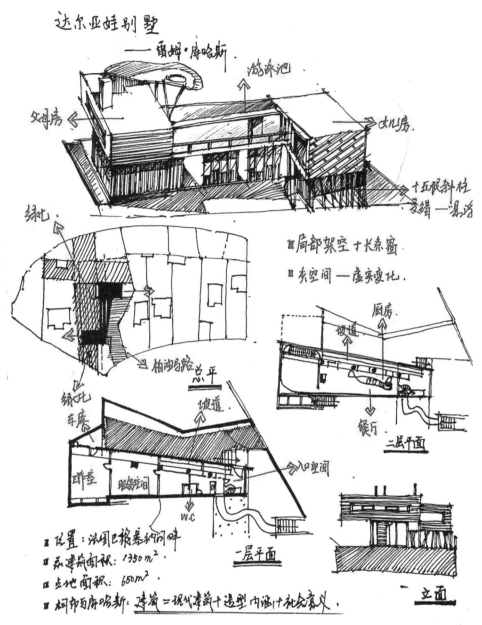

达尔亚娃别墅

—— 雷姆·库哈斯

游泳池

父母房

女儿房

十五根斜柱

紧错一层

局部架空 + 长条窗

灰空间 — 虚实变化

绿化

厨房

坡道

柏油马路 总平

餐厅

二层平面

绿化

车库

坡道

卧室

眼务空间

入口空间

W.C

一层平面

立面

■ 位置: 法国巴黎圣克纳河畔
■ 总建筑面积: 1350 m²
■ 占地面积: 650 m²
■ 柯布与库哈斯: 建筑 = 现代建筑 + 造型内涵 + 社会意义.

图 1.3.2　读书笔记示意 2

1.3.3　考研快题中画面表现是否重要？

　　首先，画得不太好的同学可以放心，没有任何一个学校因为画得"好"而给您的快题打高分，其次，我谈谈自己考研的亲身经历，在复试面试的考场上，老师让讲前一天笔试的快题方案，老师说："不用看效果图，主要讲讲你的方案是怎么策划的，先从总图说起，再把平面图简单说一下。"从他的话语中可看出，他并不关注考生的效果图画得多么酷炫，而是关注考生方案生成的逻辑，考生的方案是怎样处理的场地关系。

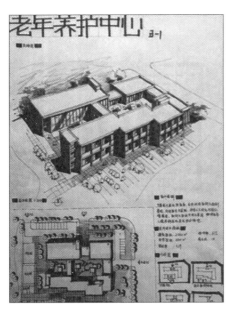

图 1.3.3 优秀快题欣赏

那么我们就来说说为什么老师不让考生讲效果图或者平面图呢？首先效果图只是表达设计的手段，老师不会因为效果图画得好而对您另眼相看，老师需要的是做方案的人，而不是只会画图的人。有时，老师会考虑这位同学画得这么漂亮，会不会是跨专业学美术的学生？那么就会到平面图里找找您的毛病，如果有一个硬伤就可以不让您过关。总结一句话，画得好"没用"！再次，因为平面图主要体现的是功能布局、消防疏散、交通流线等功能问题，作为一个已经学习了五年建筑学本科的学生来讲，在这些问题上基本是不会出错的。

总结一下就是效果图不需要画得太好，只要线条流畅、干净、比例合适就可以，（直线、软线皆可），能让别人看得清晰，一目了然，结构体块关系明确就很好了。如图 1.3.3 为 2016 年西安建筑科技大学考研初试获 135 分的同学复试前的模拟测试卷，就是一幅优质的建筑快题答卷。

1.3.4 练习手绘需要先学习素描吗？

报美术班训练的目的是掌握素描的明暗关系，而通过手绘建筑画的训练一样可以达到训练素描的效果。如果先去训练素描再来练习手绘，从训练顺序上来讲是没错，但是，往往因为时间因素没有多大作用。训练素描没有两个月时间很难入门，而通过两个月训练早就把手绘建

图 1.3.4 素描图中对明暗关系的训练

图 1.3.5　效果图中对明暗关系的训练

筑画学好了。所以,没有必要先训练素描再来训练建筑画。如图1.3.4、
图1.3.5 所示。

1.3.5　大学如何安排手绘的学习?

　　建议同学们在大一或大二时学习手绘,因为这个年级学习的重点
是专业基础知识,而等到了高年级的时候做方案正好可以用上。当然,
除了学习手绘,专业基础还包括建筑设计软件操作技能。如图1.3.6
所示。

图 1.3.6　别人每天晚上玩游戏的时间就是你练习画图的最佳时间

第 2 章　手绘基础训练——线条与透视

2.1　线条

　　线条是图画的语言，是表达效果图的方式。手绘中常用的线条有直线、曲线、硬线、软线等等，如同语言有英语、汉语、法语、日语等各种语言一样，语言只是一种表达方式，本身没有好坏之分，能表达清楚意思就可以，线条亦然。

　　我们评价一幅图画的好坏，不能片面地根据线条的喜好来评价。如有人会说："用曲线的好，用硬线的差。"其实说这样话的人，其自身对效果图的认识还不是很全面。

　　在各种线条中，一般认为直线是最基础的线条，同时也可以用直线来检验初学者控笔能力和线条干练程度，这些最基础的能力掌握程度究竟如何。所以，建议初学者先训练直线。如图 2.1.1 所示。

图 2.1.1　线条训练效果图

2.1.1　线条的分类

1. 直线

　　直线又称为硬线、快线。直线可使画面显得刚劲，有力量感。线条洒脱，不羁。如图 2.1.2 所示。

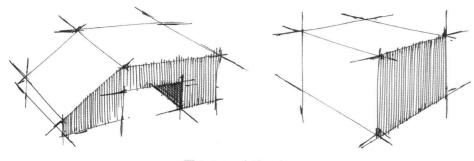

图 2.1.2　直线示意图

2. 软线

软线又称为慢线。软线可使画面显得流畅舒展、放松自如。软线用线干净，利于结构表达。如图 2.1.3 所示。

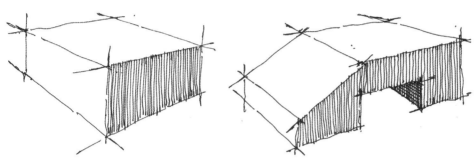

图 2.1.3　软线示意图

3. 曲线

曲线又称为抖线、泡面线。抖线可使画面显得有弹性，可增强画面的艺术感。如图 2.1.4 所示。

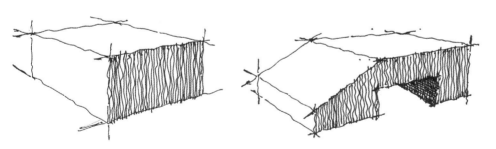

图 2.1.4　曲线示意图

2.1.2　准备工作

1. 坐姿

画图时身体不要趴着，身体需与桌面保持足够的距离；可以把腿翘起来，方便把画板卡在腿与桌子的边沿。

2. 支点

画图时选取的支点一般有手腕、肘和肩膀三个地方，支点的选择主要根据画线的长短来确定。

3. 握笔

　　过于靠前握笔容易使手受笔的控制，过于靠后握笔容易使手控制不住笔划的走向。所以，握笔的前或后以每个人的个性化程度为标准，舒服自然就可以。如图 2.1.5 所示。

图 2.1.5　常用握笔姿势示意

4. 垫纸

　　一般情况下我们都会在画板上先放几张纸垫于正图纸之下，避免画板过硬不易作图。画板过硬会使绘图者感觉像是在玻璃板上画图，不好控制笔的走向。画板太软感觉像是在沙发上画图，笔触好控制但是画起来太累。

5. 笔尖倾斜度

　　画图时笔尖不要过于倾斜，一般我们写字的时候角度是比较小的，而在画线的时候要求笔尖尽可能地垂直于纸面。

6. 架画板

　　为了矫正透视斜度，我们在画图时应该合理调整画板的倾斜度作图，这就是为什么我们画大图需要站着的原因。相反，绘图者坐下时，就应该将画板稍微立起来作图，这同时也是为了方便画垂直线，因为垂直线的支点圆心是在线条的右边，作图这种线条在画线时不容易控制，而适当地旋转画板就可以很容易解决这个问题。

2.1.3 画线的技巧

对线条控制的好坏，关键在于画线时对力量和速度的把握。

力量：要均匀地用在画线的过程中。

速度：要尽量保持均匀，不急不慢，或先慢后快。

以下是对画线的速度和力量把握得不好时，常出现的问题。

1. 大的弯曲

线条特点：线条出现大的弧度，如图 2.1.6 所示。

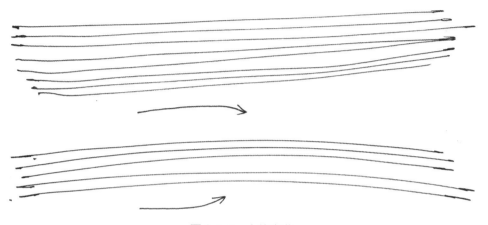

图 2.1.6　大的弯曲

原因：力量使用不均匀，一头力量大。起笔力量大，落笔力量小，则出现内弧，反之出现外弧。

解决办法：画 30cm 的长线，将画线的意识重点移到线条的后半段。

2. 小的弯曲

线条特点：线条很直，但是里面有很多小弯曲，如图 2.1.7 所示。

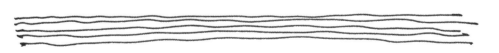

图 2.1.7　小的弯曲

原因：画线速度偏慢。

解决办法：适当提高画线速度，利用惯性来画线。就像是一根放在地上的绳子，适当加点力量绳子就变直了。

3. 线条过笨

线条特点：扭捏、疙疙瘩瘩、重复走线，如图 2.1.8 所示。

原因：不自信、犹豫、怕出错。

图 2.1.8　线条过笨

解决办法：初学者应该意识到勇敢地画比画错更加重要。只要能放开手去作图，即使画错也没有关系。

4. 线条过飘

线条特点：轻、浮、飘，如图 2.1.9 所示。

图 2.1.9　线条过飘

原因：过于自信，不够稳重，运笔过快。笔尖没有朝下，侧峰画线。

解决办法：放慢运线速度，力量均匀分布在画线的过程中。

2.2　透视

2.2.1　透视的认知

1. 透视

透视的含义为透视的含义为通过一层透明的平面去研究后面物体的视觉科学。"透视"一词来源于拉丁文"Perspective"（看透），故有人解释为"透而视之"。

2. 透视图

将看到的或设想的物体、人物等，依照透视规律在某种媒介物上表现出来，所得到的图叫透视图。如图 2.2.1 所示。

3. 视点

人眼睛所在的地方称为视点，简称 S。（Eyepoint）

4. 视平线

与人眼等高的一条水平线称为视平线，简称 HL。（Horizontal Line）

5. 视角

视点与任意两条视线之间的夹角称为视角。（Visual Angle）

图 2.2.1　透视图

6. 灭点

透视点的消失点称为灭点。

2.2.2　最常用的透视

透视学包含线性透视、空气透视和隐形透视，简单来说就是近大远小、近明远暗、近实远虚的原理。手绘图的线稿部分，主要是运用近大远小这个原理。

手绘图中常用到的透视有一点透视、两点透视和三点透视，其中一点透视与两点透视最常用。

1. 一点透视

一点透视又称为平行透视。其特点是简单、规整，表达图面全面。绘制一点透视图时需要记住一点透视图的所有横线绝对水平，竖线绝对垂直，所有带有透视的斜线相交于一个灭点。如图2.2.2所示，立方体的前后两条竖线实际上是一样长的，但是由于透视的原因，我们看到的情况是离我们近的一条线较长，远的一条线较短。同理，其他的竖线也都是一样长的，只不过在我们的视线里它们越来越短，最后消失于一个点，这个点就叫灭点。正是因为有了近大远小的透视关系，我们才能够在一张二维的纸面上塑造出三维的空间和物体。

一点透视表现范围广，纵深感强，适合表现一些庄重、严肃的室内空间，但缺点是比较呆板，手绘效果不是很理想，所以我们在一点透视的基础上又衍生出了一点斜透视。如图2.2.3、图2.2.4所示。

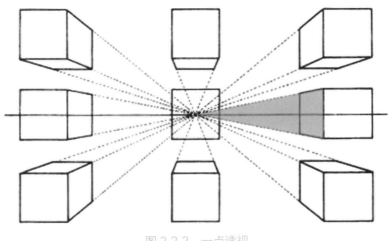

图 2.2.2　一点透视

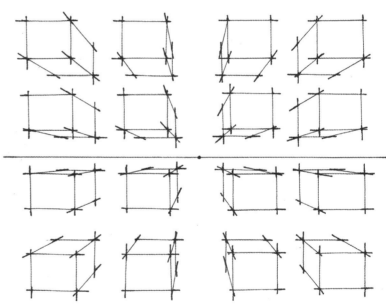

图 2.2.3　一点斜透视

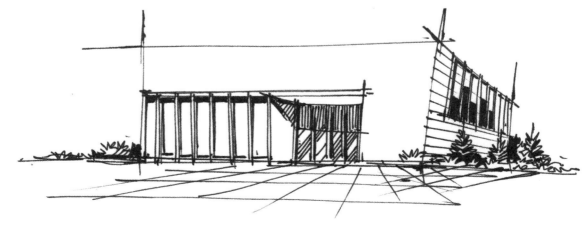

图 2.2.4　一点透视示例

大禹手绘系列丛书　建筑手绘教程

2. 两点透视

两点透视又叫成角透视。两点透视是手绘图中最常用的透视方法，其优点在于比较符合人看物体的正常视角，因此塑造出来的图面人眼看起来也最为舒服。但两点透视的绘制难度远大于一点透视，错误率也相对较高。想要画好两点透视，就一定要找准灭点的位置，而这需要大量的线条训练和透视训练。

注意：两点透视的两个消失点（灭点），一定是在同一条视平线上。两点透视是建筑表现中最常用的透视。

确定视平线时注意保持水平，不能歪斜。注意画面中的两个消失点，所有的透视线连接那两个点。所有竖向高度线保持垂直。如图2.2.5～图2.2.7所示。

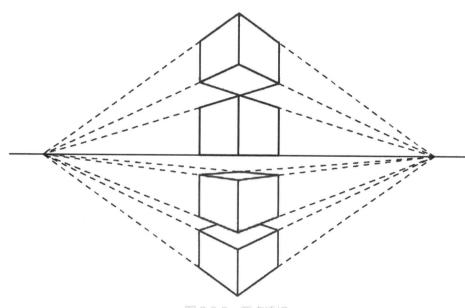

图 2.2.5　两点透视

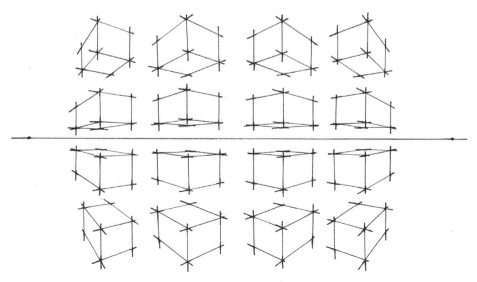

图 2.2.6　两点斜透视

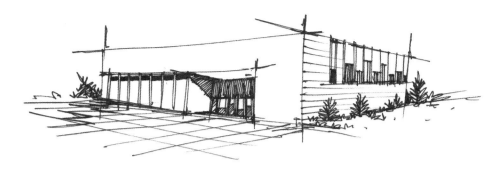

图 2.2.7　两点透视图示例

3. 三点透视

　　有些时候，一点透视和两点透视并不能表现出众多的建筑群，在表现大面积的建筑群时，我们会用到三点透视，用于超高层建筑的俯瞰图或仰视图。第三个消失点，必须和画面保持垂直的主视线，必须使其和视角的二等分线保持一致。三点透实际上就是在两点透视的基础上多加了一个天点或者地点，即仰视或者俯视，这种透视原理也称为广角透视。如图 2.2.8 所示。

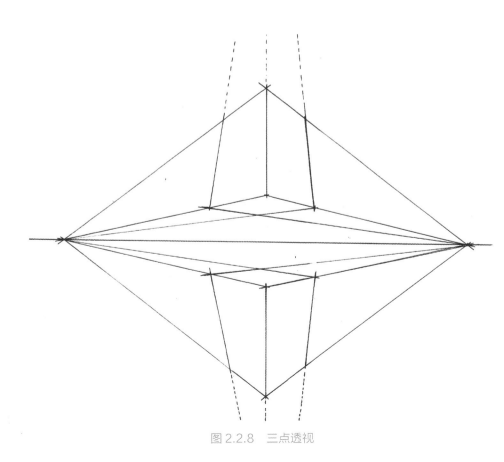

图 2.2.8　三点透视

2.2.3 透视的基础训练——几何体加减法

　　如果要在二维平面中表达出三维空间就应该先有三维空间的意识，如图 2.2.9 为一幅三维空间效果图。一个没有三维空间意识的人，在二维的纸张上面永远看不到三维空间。三维空间的意识不是与生俱来的，它是通过后天的训练慢慢养成的。一般来讲，人的空间意识是随着年龄增长而增强，在这个过程中，人的一维线、二维面、三维体意识逐步得到提高。

图 2.2.9　三维空间效果图示意

　　对于空间的训练最简单的方式就是几何体加减法，这种方法不仅训练空间透视感，而且可以短期提高线条控制力。世间各种物体不论体量大或小都是由基本的方形几何体构成，只要能够将一个最简单的几何体不同方向的透视画出来，如图 2.2.10 所示，那么多么复杂的建筑形体我们都可以完成。

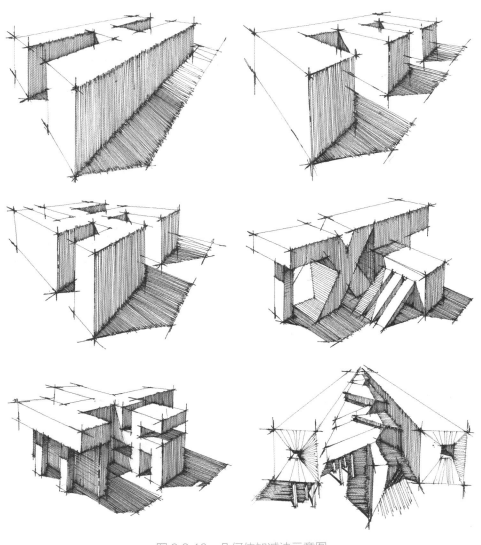

图 2.2.10　几何体加减法示意图

|知识补充|

马列维奇曾说，物体最基本的单元是方形，圆形是方形高速旋转得到的，其他任何形体都是由方形不同方向的组合得到的。图 2.2.11 ~ 图 2.2.13 为马列维奇作品欣赏。

图 2.2.11　黑色正方形

图 2.2.12　白上白

图 2.2.13　马列维奇作品欣赏

1. 人视图

　　人视图就是从人站在地平面上正常观察建筑物的角度绘制的设计图，视平线过人眼睛的高度。如图 2.2.14 所示。

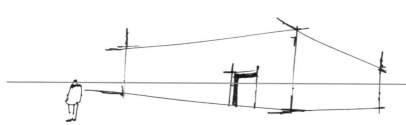

图 2.2.14　人视图示意

2. 狗视图

　　这种视图是一种夸张的画法，是视平线极地的一种视图，我们将其形象地称为狗视图。如图 2.2.15 所示。

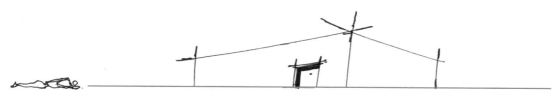

图 2.2.15　狗视图示意

3. 鸟瞰图

　　这种视图因为视平线较高，我们将其形象地称为鸟瞰图，以鸟的高度观看的图。因鸟瞰图更加突显空间的构成关系，所以在考研的时候经常用到。如图 2.2.16 所示。

图 2.2.16　鸟瞰图示意

第 3 章　建筑材质与配景

3.1　材质的重要性

建筑评图的两大标准：形体与黑白灰，而黑白灰就是指不同的材质关系。

建筑的形体是通过结构线完成的，完成形体之后给建筑加入黑白调子关系，完成明暗对比，这是刻画材质的技艺。通过刻画材质不仅加强了体积，而且丰富了形体的细节，让建筑看起来更加饱满。

从图 3.1.1、图 3.1.2 中可看出有无材质的形体对比图之间的差异。

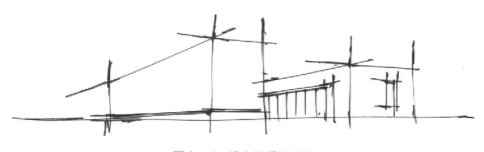

图 3.1.1　没有材质的形体

图 3.1.2　带入材质的形体

建筑画常用的材质包括：木头肌理（不特指木头）、玻璃、石砖墙、树木、石头等材质，如图 3.1.3 ～图 3.1.7 所示。根据多年的建筑画经验笔者按重要系数和难度系数对其进行分类如下。

建筑画常用材质的重要系数：　　　　建筑画常用材质的难度系数：

木　头：★★★★★　　　　　　　树　木：★★★★★

玻　璃：★★★★　　　　　　　　玻　璃：★★★★

石砖墙：★★★　　　　　　　　　石　头：★★★

树　木：★★★　　　　　　　　　木　头：★★★

石　头：★★　　　　　　　　　　石砖墙：★★

图 3.1.3　木材质肌理（真实材质是玻璃）

图 3.1.4　砖石墙

图 3.1.5　玻璃墙

图 3.1.6　木材

图 3.1.7　石头

3.2 建筑手绘常用材质

3.2.1 木头材质

　　木头肌理材质是常用的材质，通常我们指的就是木头材质，但是它的应用范围很广泛，所有的类似木头肌理的材质都可以借鉴此技法。如图 3.2.1、图 3.2.2 所示。

　　第一步：控制形体。

　　第二步：排线，明确明暗的变化方向。

　　第三步：加重，丰富变化，强化明暗关系。

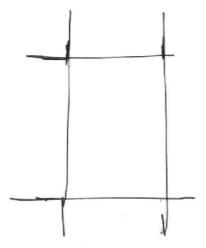 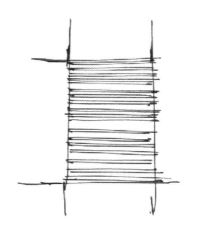

（a）控制形体，可以用尺子来画木材质　　　　　（b）排线，根据光线的方向，确定明暗
变化的方向。排线时要注意条例清晰，要
保留宽窄变化的条纹肌理

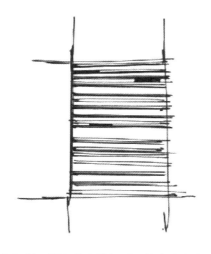

（c）加重，用尺子卡线加重，注意线条宽窄的
变化，最后稍加一些黑色块来丰富变化关系

图 3.2.1　木头材质绘制步骤

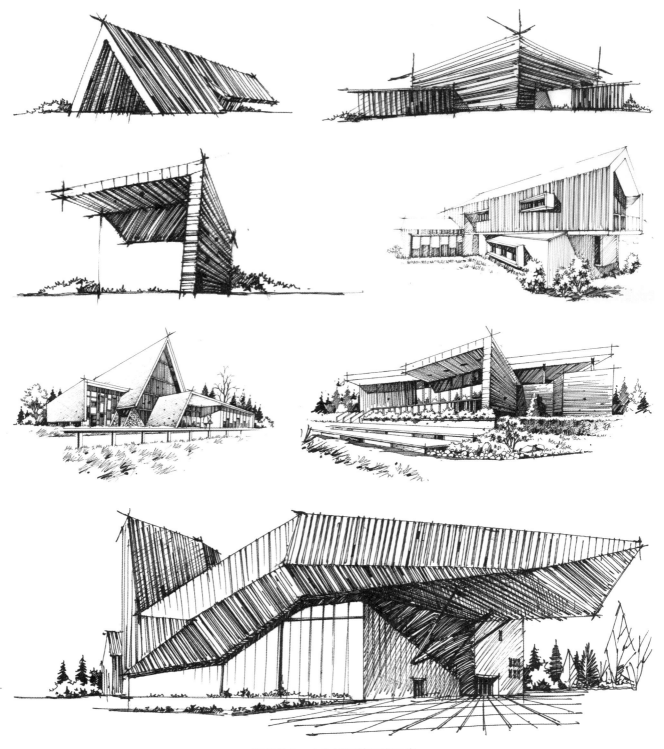

图 3.2.2　木头材质效果图示意

3.2.2　石墙

第一步：确定形体。

第二步：勾勒层层石片，局部加黑色条块。

石墙绘制具体步骤与效果图如图 3.2.3、图 3.2.4 所示。

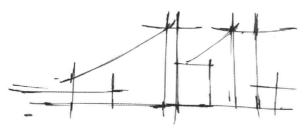 

（a）确定形体，线条要利落干练，注意形体的透视关系和比例关系

（b）勾勒层层石片要注意面与面的对比和单面的明暗变化，画完线之后局部加黑色条块来强化关系，黑色块不要太多

图 3.2.3 石墙绘制步骤

图 3.2.4 石墙效果图示意

3.2.3 砖墙

砖墙的纹理刻画最重要的在于暗部线条的密度要大一些，同时暗部要有一定的变化，在适当留白可以避免砖墙材质过于死板的问题。如图 3.2.5、图 3.2.6 所示。

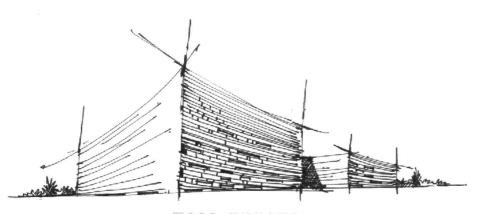

图 3.2.5 砖墙节点示意

图 3.2.6　砖墙效果图示意

3.2.4　玻璃材质

　　建筑画中最常见的材质就是玻璃。玻璃是初学者比较头疼的材质，有一定的刻画难度，在这里首先要明确对于玻璃的刻画不应该像绘画一样去考虑，绘画要求玻璃的真实性，要求刻画出玻璃的通透感。而我们在表现玻璃时不需要考虑这些，对于玻璃我们最简单最直接的刻画就是把玻璃当正常的"墙"来表现！

　　对于玻璃材质的刻画，笔者总结了以下 5 种常用到的方式。

　　画法一：挤窗子。这种画法适合实体比例偏大而玻璃比例偏小的建筑形体中，这种画法速度快，效果强，是很好的表现方式。要注意过长的沿街玻璃窗要注意一下左右的明暗变化。如图 3.2.7、图 3.2.8所示。

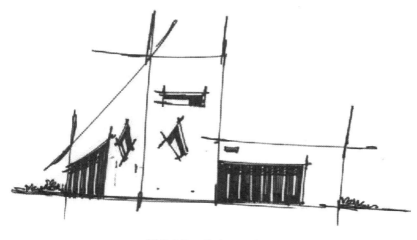

图 3.2.7　挤窗子示意图

图 3.2.8　挤窗子效果图示意

　　画法二：窗面加斜线。这个画法简单、实用、快速，需要注意的是明暗面密度的对比，排线的间距变化，排线不要过多（后期加马克笔，就不要加太多线条）。如图 3.2.9、图 3.2.10 所示。

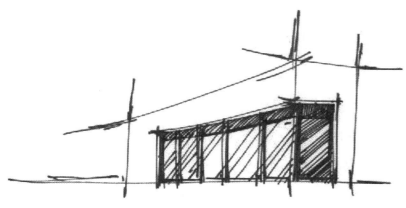

图 3.2.9　窗面加斜线示意图

图 3.2.10　窗面加斜线效果图示意

　　画法三：加重窗面，需要注意的就是比例分配，一般投影不超过三分之一，倒影不超过三分之一，亮部要大于三分之一，如图 3.2.11 所示。加重的方法有加倒影（图 3.2.12）或加环境（图 3.2.13）。

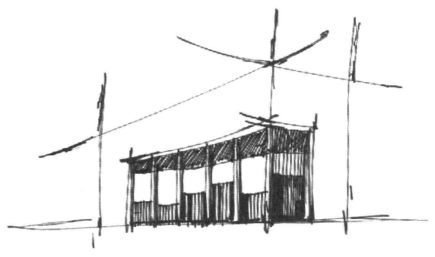

图 3.2.11　加重窗面示意图

图 3.2.12　加重窗面效果图 1

图 3.2.13　加重窗面效果图 2

　　画法四：留白窗面，这个最简单，亮部直接留白，只需要加重结构线就可以，暗部排线加重，可以排垂直线也可以排斜线。如图 3.2.14、图 3.2.15 所示。

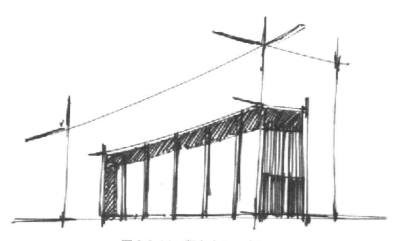

图 3.2.14　留白窗面示意图

图 3.2.15　留白窗面效果图示意

大禹手绘系列丛书　建筑手绘教程

画法五：长条窗。这种画法经常被用到，刻画的技法要求简单，简单来讲就是排线和加重，排线要注意疏密，加重要注意黑色块的大小和形状。如图 3.2.16、图 3.2.17 所示。

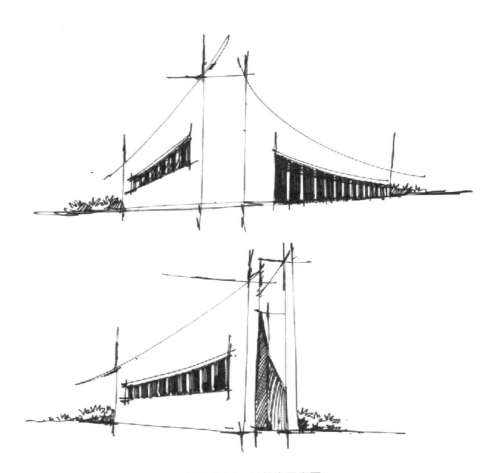

图 3.2.16　长条窗示意图

图 3.2.17　长条窗效果图示意

大禹手绘系列丛书　建筑手绘教程

3.2.5　其他建筑表皮

　　特殊的建筑表皮在刻画时需先分析用什么样的形式来表现。但无论建筑采用何种表皮与何种结构形式，最终表现出的效果肯定是黑白灰分明的明暗关系。如图 3.2.18 所示。

图 3.2.18　其他建筑表皮效果图示意

3.3 建筑手绘配景元素

建筑手绘中配景元素的正确表现很重要，对于配景要素有些同学一草一木都不画，有些过于依赖植物配景，到底哪种更正确？笔者比较倾向于第一种，当然也不至于一点不画，可以适当少画或者不画。

我们要理解基地环境和绿化环境不是一个概念。建筑的基地环境，简单来说就是指的地形地貌，绿化环境指植物花卉草木之类。所以前者是重要的，必须表现出来，后者则是次要的，可有可无。看似重要的环境绿化配景元素，在建筑手绘的表现中却并不重要，甚至可以说是可有可无。

3.3.1 高大乔木

树木在建筑手绘中很少画到，训练绘制树木更多的是训练绘制树木的线条。绘制树木时需要放松手腕，灵活运用线条画一些植物配景。

树木的绘制步骤：第一步，确定形体比例；第二步，深化细部轮廓；第三步，勾画轮廓；第四步：强化明暗关系。如图3.3.1～图3.3.3所示。

（a）确定形体比例，注意树头的高度要大于树干高度　（b）深化细部轮廓，注意形体的自然，不要出现过于几何状的线条

（c）勾画轮廓，注意区别对待暗部和亮部的用线　（d）强化明暗关系，抓住树的明暗交界线，亮部少画，暗部要多加线条

图3.3.1　树木的绘制步骤

树木参考图例如下。

图 3.3.2　树木效果图示意

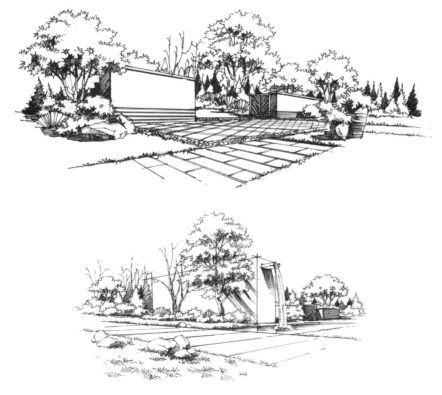

图 3.3.3　树木配景效果图

3.3.2 地被植物

在建筑画中我们提倡重点刻画建筑本体，尽量少画地被植物。只有在重点刻画基地环境的时候，低矮的灌木和地被植物是常用到的元素。如图 3.3.4 所示。

图 3.3.4 地被植物示意

3.3.3 配景植物

远处的物体应该概括为主，图 3.3.5 是几种远景植物的处理方式。

3.3.4 远景建筑

在画建筑鸟瞰图的时候我们经常会看到许多远处的建筑物，在处理时要注意近实远虚，处理远处建筑要以概括为主，不必刻画太多细节。如图 3.3.6 ～图 3.3.9 所示。

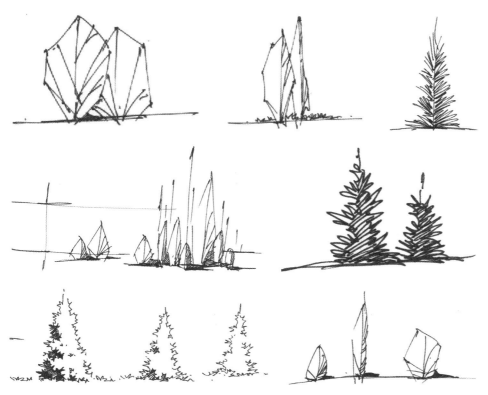

图 3.3.5　远景植物处理方式示意

效果图示范图例一。

图 3.3.6　整体效果

图 3.3.7　远处节点放大

效果图示范图例二。

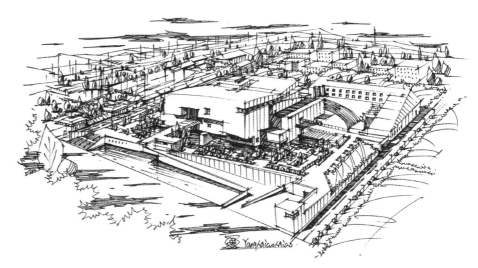

图 3.3.8　整体效果

图 3.3.9　远处节点放大

3.3.5　天空

　　天空作为建筑的背景，要以衬托建筑为主。具体到建筑形体上有高耸和低矮之分，天空的形态也要符合建筑的形体变化。在较高的建筑中刻画天空要在"腰"以下，突出建筑，在较低矮的建筑中刻画天空要顺势。

　　以下两点需要注意：①天空是配角不要喧宾夺主；②天空的形态斜度不要过大。

　　天空的两种处理方式："w"线云、平线云。

　　（1）"w"线云示意图：线条向外翻转，整体比较张扬，注意排线的疏密变化，靠近建筑不易过密。如图 3.3.10 所示。

图 3.3.10 "W"线云效果图示意

（2）平线云示意图：这种画法云的形体比较重要，形体扁长，有长短变化。内部均匀地排水平线。如图 3.3.11 所示。

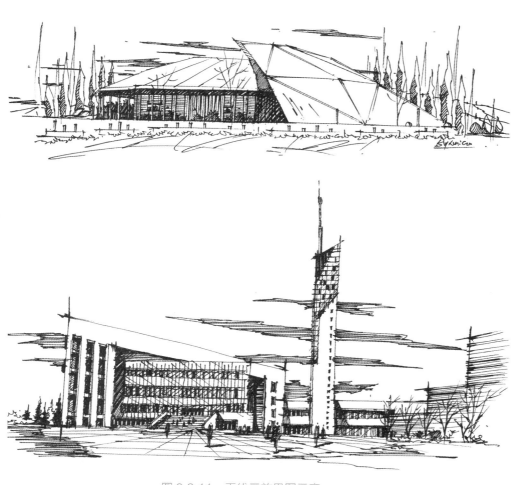

图 3.3.11 平线云效果图示意

3.3.6 石头

石头在建筑画中较少出现，除非地形或者基地环境特殊。在刻画石头的时候要注意以下两点：①构图要聚散分开，大小有别；

②局部要加黑色块。如图 3.3.12 所示。

　　步骤详解如下：第一步，把握形体大小、聚散；第二步，加入排线，明确明暗关系；第三步，局部加重黑色块，强化对比效果。

图 3.3.12　石头效果图示意

3.3.7　水面

　　水面有静态和动态之分，静态水面的绘制要点在于倒影的表现，线条是运用扫线或者轻排线，倒影间可用垂直线条分开，增强倒影的效果。动态水面的造型比较重要，明暗对比反差要极强。如图 3.3.13、图 3.3.14 所示。

图 3.3.13　动态水面示意

图 3.3.14　静态水面示意

3.3.8　地面

地面通常分为两类：规则形和不规则形。无论哪种地面，在人视图中地面能被看到的部分并不是很多，这点特别重要。

1. 圆形地面透视

图 3.3.15　圆形地面透视示意

2. 方形地面透视

这种透视在处理时有两种处理办法：①地面透视按照建筑透视来绘制，如图 3.3.16 所示；②自定地面透视，处理方式为一个边平行，一个边的消失点设置在图面中间位置，如图 3.3.17 所示。

图 3.3.16　方形地面透视 1

图 3.3.17　方形地面透视 2

3.3.9　松树

松树实景照与效果图如图 3.3.18、图 3.3.19 所示。

图 3.3.18　松树实景照　　　　　　　　　图 3.3.19　松树效果图

3.3.10　棕榈树

棕榈树实景照与效果图如图 3.3.20、图 3.3.21 所示。

图 3.3.20　棕榈树实景照　　　　　　　　图 3.3.21　棕榈树效果图

3.3.11　人物

人物在效果图中是比较重要的配景，原因如下：①人物体现着建筑的比例尺度关系；②人物可以活跃画面氛围。

在画人物的时候注意以下两点。

（1）人视图中人头应该同高度，如图 3.3.22 所示。

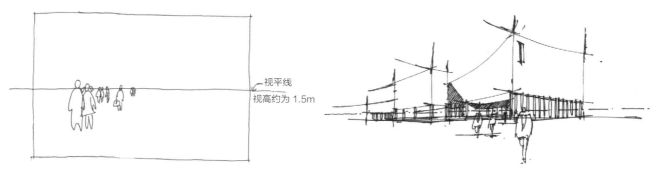

图 3.3.22　人视图中头部高度统一过视平线

（2）鸟瞰图中各个位置的人距离视平线的比例保持一致，如图3.3.23 所示。

以下是两种简化人物的画法。

（1）妹岛人，如图 3.3.24 所示。

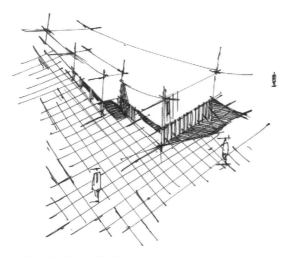

图 3.3.23　鸟瞰图中距离视平线的比例相等

图 3.3.24　妹岛人效果图示意

（2）简化人，如图 3.3.25 所示。

图 3.3.25　简化人效果图示意

第4章　建筑手绘绘图方法

4.1　建筑手绘中两类表现

　　建筑手绘根据表达的深入程度可以分为两类：深入表现和快速表现。

　　这两种表现方式的区别在于绘图用时长短，深入表现的绘图时间一般为1～3小时，不仅建筑的比例形体十分准确，而且还要表现建筑的材质和结构的细节，写实性强。而快速表现的绘图时间一般为是5～35分钟，主要表达出较为准确的比例、结构和高度概括的明暗关系，细致程度较弱。两种表现方式没有好坏之分，只是适用的角度不同。低年级的同学训练深入表现有利于打基础，如图4.1.1所示，而高年级的同学则要以训练快速表现为主，如图4.1.2所示，用快速表现来做读书笔记，如图4.1.3所示，更有利于快速积累方案。

　　从实用角度来讲，快速表现更适合于考研快题。因为快题考试有时间限制，要求在规定的时间里必须把要求的图纸画完。相反，平时画得再好，但在快题中没有按时画完要求的图纸，是绝对不行的，少一张图不会按分数比例进行扣分，而是有可能会被直接淘汰！

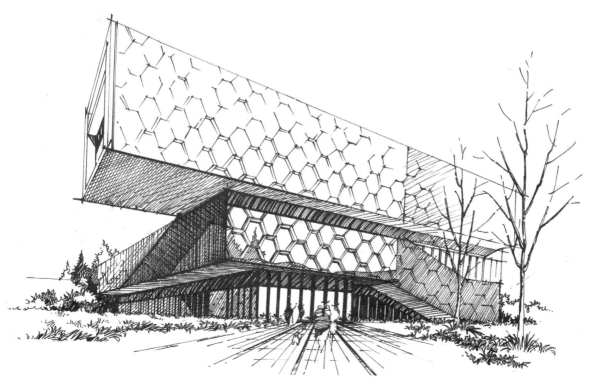

图4.1.1　深入表现效果图

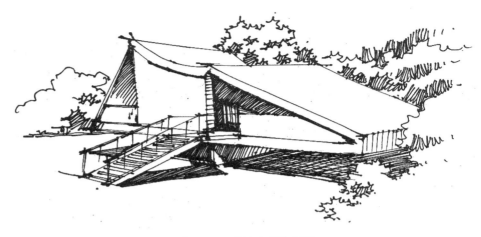

图 4.1.2　快速表现效果图

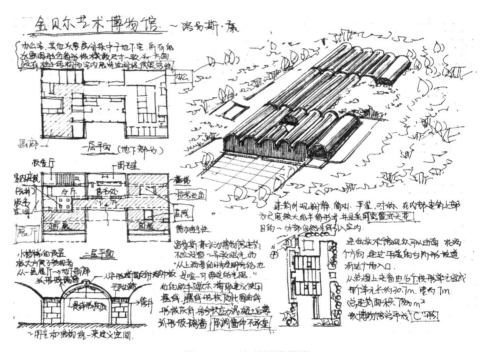

图 4.1.3　读书笔记示意

4.2　建筑手绘的评图

我们评价一张图的好坏总会有一个标准，最基本的标准就是线条的好坏（图 4.2.1），除了线条以外，无论您属于什么风格，也无论您属于什么画派，评价一张效果图都离不开以下两大评判标准。

标准一：形体、比例、体量、透视、结构、构图。

标准二：黑白灰的调子关系。

以下我们通过案例来详细讲解这两个知识点。

图 4.2.1　优秀建筑画赏析

4.2.1　形体、比例、体量、透视、结构、构图

1. 形体

　　形体的组合形式有悬挑、片墙、柱廊、隔栅等。如图4.2.2～图4.2.5 所示。

图 4.2.2　悬挑

图 4.2.3　片墙

图 4.2.4　柱廊

图 4.2.5　格栅

2. 比例

比例关系体现了建筑的内在美，控制图面的比例关系最好的方式就是将空间进行平面化分割。如图 4.2.6 所示。

3. 体量

体量是建筑给人的一种心理感受的大小关系，与实际的大小没有直接关系。就像尺度与尺寸一样，尺寸的大小是可以度量的，而尺度的大小却是一种心理的大小关系。如图 4.2.7 所示。

图 4.2.6　图面比例关系示意

图 4.2.7　建筑体量穿插

4. 透视

对透视起关键作用的因素就是透视夹角的大小。在效果图的透视中要学会利用透视的夹角度数，一般我们用到的透视夹角可以控制在 45°～ 120° 之间。如图 4.2.8 所示。

图 4.2.8　透视夹角控制在 45°～ 120° 的透视图

（1）人视图中尽量降低视平线，将上角度控制在 45°～120° 之间。如图 4.2.9 所示。

（2）鸟瞰图要把握好下角，将下角度控制在 45°～120° 之间如图 4.2.10 所示。

图 4.2.9　透视夹角控制在 45°～120° 的人视图

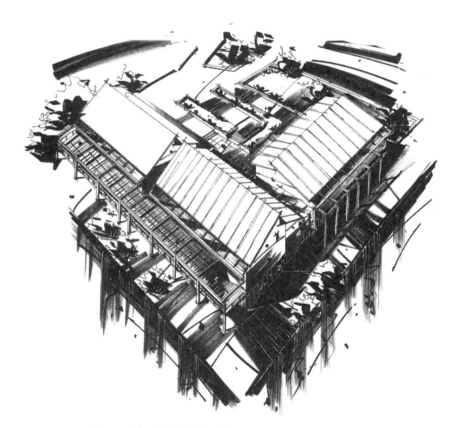

图 4.2.10　透视夹角控制在 45°～120° 的鸟瞰图

5. 构图

　　构图讲究平衡、匀称，最好不要绝对对称与平均。建筑画的构图应该讲究构图美感，注意构图要饱满，不要过大或过小。如图 4.2.11 所示。

图 4.2.11　构图优美图片欣赏

4.2.2　黑白灰调子关系

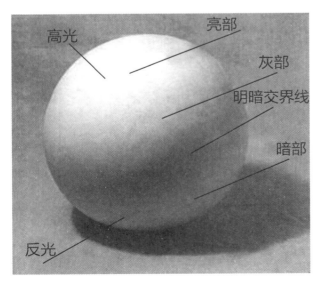

高光
亮部
灰部
明暗交界线
暗部
反光

图 4.2.12　圆球黑白灰关系示意

1. 什么是"调子"？

　　调子在音乐和色彩中是个不同领域但等同的概念，一个是针对声音，称为曲调，曲调是指声音的旋律，声音的变化。另一个是针对色彩，是指明暗的变化。通常我们称为五大调子和明暗交界线，五大调子分别为暗部、亮部、高光、反光和灰部，如图 4.2.12 所示。

2. 什么是"6、3、1"的关系？

　　我们把调子明暗用数值来量化，从明到暗分为 10 级，最暗的为 10，最亮的为 1。把这种数值量化的明暗关系称为"6、3、1"。这种关系大致体现在三个方面:单面的 6、3、1,面面的 6、3、1,块面的 6、3、1。下面分别进行详细介绍。

　　(1)"单面的 6、3、1 变化"是指一个单面的明暗变化,通常是根据光线的方向来处理明暗,一般来光的方向处理要亮,相反则暗。如图 4.2.13 所示。

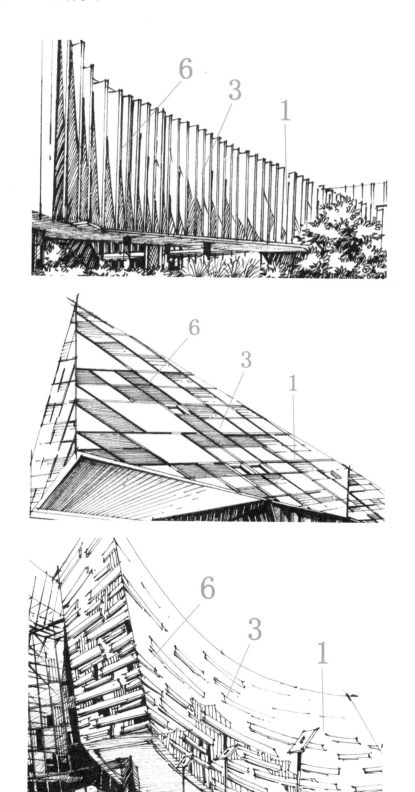

图 4.2.13　单面的 6、3、1 变化示意

（2）"面面的 6、3、1 变化"是指物体的两个面因受光照程度不同而产生的明暗变化。面与面的对比能产生体积。如图 4.2.14 示意。

明暗对比

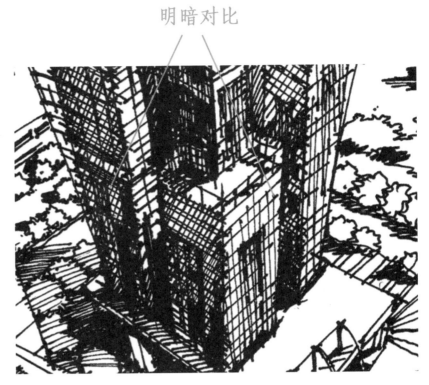

明暗对比

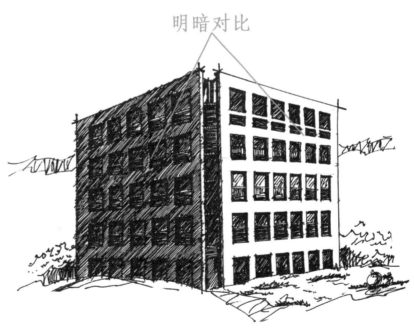

图 4.2.14　面面的 6、3、1 变化示意

（3）"块面的 6.3.1 变化"：当你的图没有空间、主次、虚实、层次、序列时，其实就是指刻画过于平均，应该区分块面，不要到处刻画，而应该找到重点。所谓"面面俱到，等于不到"就是这个道理。如图 4.2.15 所示。

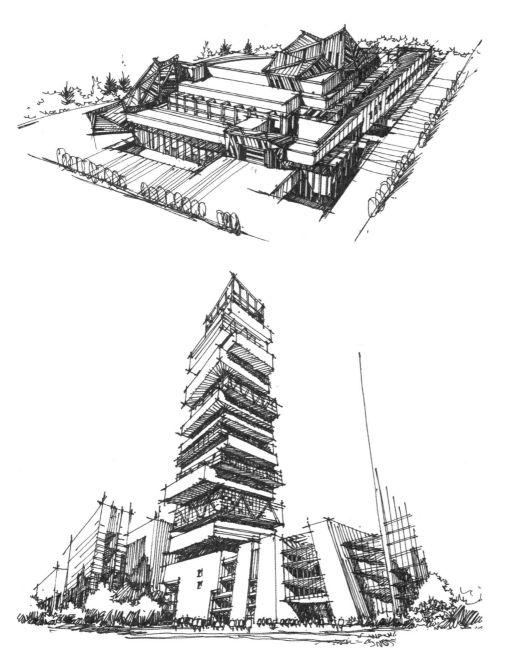

图 4.2.15　块面的 6、3、1 变化示意

4.3　建筑手绘的绘画技巧

　　我们常常看到一张图就能想到一个人，这就是风格！把不同的建筑物经过大脑处理而表现出相同的绘画感觉出来，这说明作者在处理不同建筑时使用了相同的处理技巧，这种技法我们称之为"绘图技法"。

　　我们学习一个人的手绘表现风格，最重要的就是总结其技法要点，然后运用同样的技法就可以画出同样感觉的效果图。

　　以下是笔者归纳和总结出的关于光影关系、材质关系与边界关系的一些技法要点，供大家分享。

4.3.1 光影关系

光影塑造空间在建筑表现上特别重要。贝聿铭曾说，"让光来做设计"，路易·康宣称，"光为空间神奇的创造者"，它们都在强调光在建筑空间中的重要性。可以这么说，在建筑表现上，除了形体以外就只剩下了光影。

光影是两个词的概念，一个是光，一个是影。光的强弱程度是反应在暗部影的明暗程度。暗部越暗则光照越强，反之亦然。图 4.3.1 是光照在建筑上的示意图。影子是物体产生联想的媒介，是效果图中特别重要的部分！

图 4.3.1　建筑中的光影效果示意

暗部不能画得过重，而应该留白或弱化处理。因为建筑画是画也是图。是图就要表达一定的图纸要求，表现时不能过于主观创造。要表达出材质、结构、开窗、形体转折等等。如果在建筑暗部加入了过多的调子，很容易把暗部细节掩盖在调子里面。所以说，建筑画的暗部最好留白或者弱化，这样才能表达得更加清晰。建筑画应该以表达为主，而不应该只注重表现。如图 4.3.2 所示。

图 4.3.2　建筑画中的光影关系示意

大禹手绘系列丛书　建筑手绘教程

4.3.2 材质关系

密斯说，"上帝存在于细节之中"。建筑画要特别注意细节的刻画。细节多存在于建筑的表皮肌理之中。建筑绘画需要掌握的基本表皮肌理材质包括以下几种：木质、石质、玻璃等等。每种材质的表现技法在第 3 章中已做了重点讲解，对相同的形体赋予不同的材质，得到的视觉效果是不同的。

如图 4.3.3～图 4.3.5 所示，图 4.3.3 明显缺少如图 4.3.4、图 4.3.5 一般的厚重感。

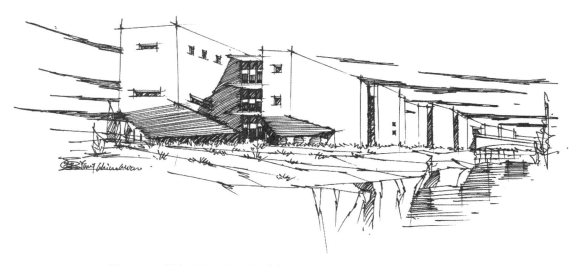

图 4.3.3　留白的处理给人的感觉是干净，体块感明确，材质对比强烈

图 4.3.4　排横线的处理方式是对材质的高度概括，表现简洁、有力

图 4.3.5 刻画砖纹理的方式最为写实，厚重感最强

4.3.3 边界关系

　　边界关系指的是形体与形体之间的交界或者结构转折的边界等等。容易出现的问题就是对边界的细节处理比较毛糙，边界的明暗对比不够强烈。在刻画时稍微慢一些，注意细节就可以处理得很好。一般我们的边界有形体的边界，明暗交界的边界，形体转折的边界等等，如图 4.3.6 所示。

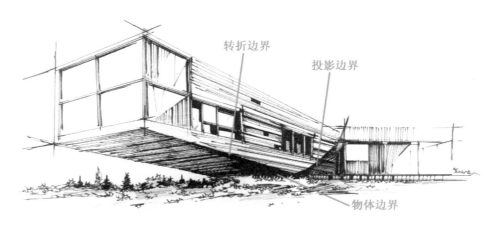

图 4.3.6 各种边界示意

4.4 建筑手绘的绘图步骤

4.4.1 示例图 1

　　示例 1 为一组乡村建筑群，实景图如图 4.4.1 所示。

　　（1）比例尺度。首先我们需要

图 4.4.1 示例 1 实景图

确定原图片的比例尺度，可通过在图片上画分割线来确定。然后在图纸上根据原图片的比例尺度用铅笔画出底稿来。画底稿的时间控制在5～10分钟。如图4.4.2所示。

图 4.4.2　画底稿

（2）勾形。这一步勾勒出来建筑的外结构线，在这里要注意结构线一定要出头，这样主要是为了体现出电脑制图与手绘绘图的区别。在绘制结构线时还要注意线条的虚实变化。如图4.4.3所示。

图 4.4.3　墨线勾形

（3）精细刻画。抓住整个画面的主体进行刻画，在进行刻画的时候要注意三个方面：①单面的黑白灰变化；②单体体块的黑白灰变化；③整个建筑的黑白灰变化。这三方面是画好建筑手绘的关键。如图4.4.4所示。

图 4.4.4　精细刻画

（4）调整。最后完成对建筑主体的刻画和对配景植物的刻画，注意建筑的主次关系与虚实关系。如图 4.4.5 所示。

图 4.4.5　调整

4.4.2　示例图 2

示例 2 为一座现代田园别墅，实景图如图 4.4.6 所示。

图 4.4.6　示例 2 实景图

（1）勾形。这一步勾勒出来建筑的外结构线，这里要注意结构线一定要出头，同时还要注意线条的虚实变化。如图 4.4.7 所示。

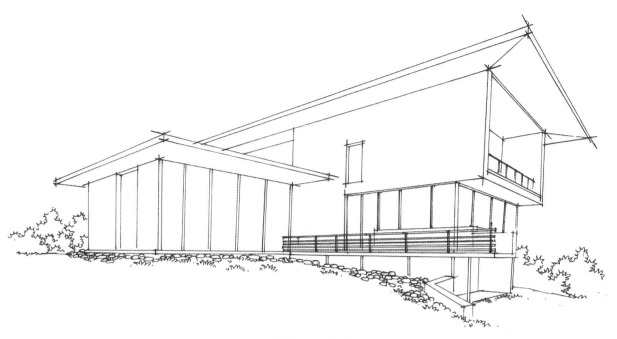

图 4.4.7　勾形

（2）精细刻画。抓住整个画面的主体进行刻画，在进行刻画的时
候要注意三个方面：①单面的黑白灰变化；②单体体块的黑白灰变化；
③整个建筑的黑白灰变化。如图 4.4.8 所示。

图 4.4.8　精细刻画

（3）调整。完成对建筑主体的刻画和对配景植物的刻画，注意建
筑的主次关系与虚实关系。如图 4.4.9 所示。

图 4.4.9 调整

（4）再次调整。最后完成对建筑主体黑白灰关系的细部调整和配景植物的细部刻画。如图 4.4.10 所示。

图 4.4.10 再次调整

4.4.3 示例图 3

示例 3 为一座现代田园别墅，实景图如图 4.4.11 所示。

（1）比例尺度。确定原图片的比例尺度，然后我们在图纸上根据原图片的比例尺度用铅笔画出底稿来。画底稿时间控制在 5 ~ 10 分钟。如图 4.4.12 所示。

（2）勾形。这一步勾勒出来建筑的外结构线，在这里要注意结构线一定要出头，同时还要注意线条的虚实变化。如图 4.4.13 所示。

图 4.4.11　示例 3 实景图

图 4.4.12　画底稿

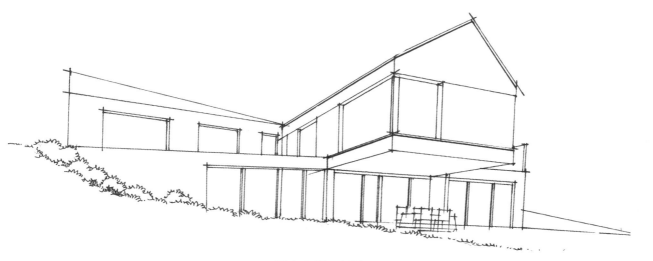

图 4.4.13　勾形

（3）精细刻画。抓住整个画面的主体进行刻画，在进行刻画的时候要注意三个方面：①单面的黑白灰变化；②单体体块的黑白灰变化；③整个建筑的黑白灰变化。这三方面是画好建筑画的关键。如图4.4.14所示。

图 4.4.14　精细刻画

（4）调整。最后完成对建筑主体的刻画和对配景植物的刻画，注意建筑的主次关系与虚实关系。如图4.4.15所示。

图 4.4.15　调整

4.5 绘图中常见问题解答

4.5.1 临摹与写生有什么区别？

通常在临摹的时候同学们感觉还挺好，为什么一到写生就画不好了呢？其实，临摹是把别人处理过的光影明暗关系抄袭过来，自己并没有在作图时仔细思考，所以临摹再多只是熟练了基本的线条，透视关系依然是模糊的，画面处理的能力还是得不到有效提高。建议同学们最好是在临摹的时候学会适当改变，学习作品中的优点，同时改变作品中的不足，要带着否定的思维来学习，当这种改变越来越多的时候也就慢慢养成了独立思考鉴别的能力，为独立作画打下坚实的基础。如图 4.5.1 ～图 4.5.3 为笔者学生时代临摹的习作。

图 4.5.1 大一临摹的第一张习作图

图 4.5.2 临摹一个月之后的习作图

图 4.5.3 大二写生的静物

大禹手绘系列丛书 建筑手绘教程

建议初学者分两个阶段学习手绘:临摹与改图。第一个阶段是临摹阶段,就是"照着葫芦画葫芦",这个阶段完全是为了练手,要有50～100张的积累。第二个阶段就"照着葫芦画瓢",要用对原图有所修改的思维去作画。

其他建议:①不要经常换风格;②反复临摹练习一张图,这是个提高作图速度非常好的方式;③要持之以恒不要间断。

临摹可以让你的手绘能力短时间内进步得很快。对同一张图临摹第二遍时,你的细节刻画应该更深入细致。如图4.5.4、图4.5.5所示。

图 4.5.4 学生手绘图 1

图 4.5.5 学生手绘图 2

4.5.3　马克笔上色和钢笔线稿哪个更重要？

对于这个问题的正确回答是线稿重要，上色只是对空间的表达起到辅助的作用，毕竟就表达体积来讲颜色比线条更有优势，而空间的准确度却在钢笔阶段已经确定。同时需跟同学们说明，过于绘画式的马克笔配色不太适合快题的要求，比如在今年某高校的考研初试中明确要求不许上颜色，只可以用灰色表现（图 4.5.6），复试禁止上色。如此看来，线稿的表达就更加重要了。

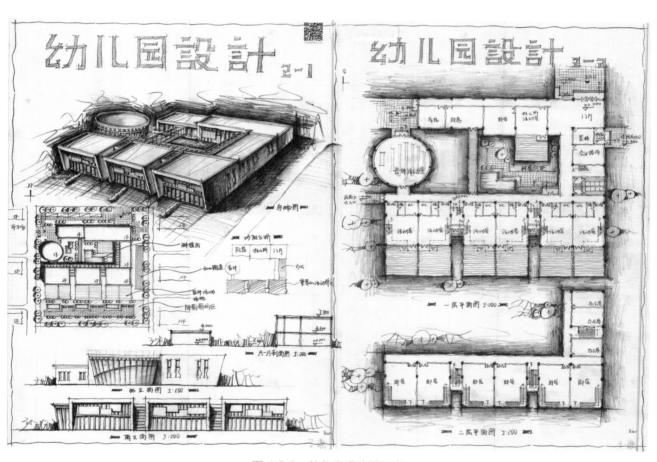

图 4.5.6　单色表现快题示意

4.5.4　电脑软件和手绘哪个更重要？

电脑软件和手绘都是表达建筑设计的工具，对于本科生来讲都是必须要学会掌握的基本技能。至于学习的先后顺序，建议同学们以学习手绘为先，因为如果学完电脑软件很久不使用也容易忘掉，然而手绘与操作电脑软件不同，学习手绘就像学骑自行车一样，学会了就很难忘掉。同样，手绘的难度比电脑软件稍微难一些。如图 4.5.7 所示。

图 4.5.7　优秀手绘图示意

4.5.5　效果图和速写有什么区别?

　　效果图更加注重理性的表达,比如:材质、尺寸、结构、开窗等等都需要表达清晰,不能过于随性,这些内容都是理性的表达,如图 4.5.8 所示。速写则相反,速写是写生时对所见物体主观感受的表达,呈现在纸面上的是一种心理反馈,更多的是感性的表达,如图 4.5.9、图 4.5.10 所示。

图 4.5.8　西安建筑科技大学图书馆

大禹手绘系列丛书　建筑手绘教程

图 4.5.9 笔者于陕南漫川关古镇速写

图 4.5.10 笔者速写创作《鬼屋》

4.5.6 鸟瞰图和人视图哪个重要?

鸟瞰图可以更加直接、直白地表现空间的构成关系，甚至功能结构、流线关系，如图 4.5.11 所示。而人视图仅仅是一个视角，如图 4.5.12 所示。所以，鸟瞰图对于建筑的重要性和实用性要远远大于人视图。

当然，除设计师以外的人都是以正常的视角观看建筑。所以，人视图也有它的使用价值，可以观察建筑物在现实中的视觉效果。在快题设计的排版上，最好是表现一个大鸟瞰图，其余小节点用人视图。

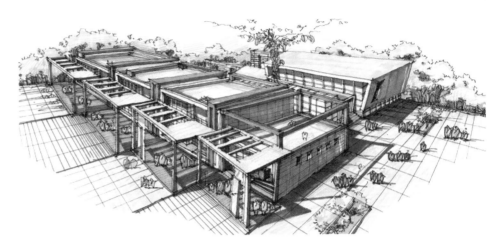

图 4.5.11　鸟瞰图

图 4.5.12　人视图

4.5.7　画黑色块时需要注意什么？

黑色块表现又称为强化效果、局部加重表现。

什么时候加黑色块？需要排线多的地方就可以加黑色块。

黑色块添加在哪里？①画在靠视平线下的位置，用以增加整张图面的稳定性；②画在靠近物体的转折线处，起到衬托物体不同板块的转折关系与光影透视关系；③画在靠近图面的视觉中心处，突出画面近大远小，中心实两边虚的整体效果。如图 4.5.13 所示。

4.5.8　投影应该如何刻画？

投影排线的画法有以下三种。

（1）交叉线：可以垂直交叉或者倾斜交叉。如图 4.5.14 所示。

图 4.5.13　黑色块添加示意

图 4.5.14　交叉线

（2）单排线：排线要密实，不要重复排线。步骤：①排线；②加黑色块；③卡边。如图 4.5.15 所示。

（3）扫线画法：用笔的侧峰。如图 4.5.16 所示。

图 4.5.15　单排线　　　　　　　　　　　　　　　图 4.5.16　扫线

4.5.9　如何控制弧形建筑的透视？

注意同一度数的弧形里，远处的弧形部分透视要更加平缓。如图 4.5.17 所示。

图 4.5.17　圆形物体透视图示意

4.5.10　如何让线条不死板？

线条是建筑画的基本语言，对于初学者来说，首先，应大量练习，画五百米线的人，绝对不如一位画了五万米线的人。其次，要把形体装到脑子里，清楚你画的线条是从哪里起到哪里落。再次，画线的时候放松手腕，控制运笔的速度和力量。总之，线条画不好，不熟练是主要原因，画得多了自然就好了！如图 4.5.18 所示。

大禹手绘系列丛书　建筑手绘教程

图 4.5.18　线条的灵活运用

4.5.11　如何让建筑显得更加高大、雄伟？

在效果图表现中，为了突出建筑的立体和空间效果，常会运用透视技巧加大透视。加大透视通常用到的有两种方法：①减小灭点的间距；②降低视高，即减小视平线与地平线的高度。如图 4.5.19 所示。

图 4.5.19　透视强烈的效果图示意

4.5.12　如何处理建筑手绘中的树和环境？

环境不是树木，环境更重要的是指地形。虽然建筑脱离不开环境，有时候树木的位置形体也是方案生成的条件。但是，在表现时不要过于注重细节刻画，对待植物简洁一些就好。如图 4.5.20、图 4.5.21 所示。

图 4.5.20　背景植物过渡

图 4.5.21　前景植物过渡

4.5.13　大一练习手绘早吗?

　　所谓"早人一步,领人一路"。大一的时候学习手绘获益是肯定的,因为大部分同学从大二的时候才开始练习手绘,如果你提前训练,等你大二的时候就可以把大量的时间放在方案的积累上,多看书多做读书笔记,也能继续提高手绘,还能积累做建筑方案的能力!如图 4.5.22所示。

图 4.5.22　优秀手绘图欣赏

4.5.14　平时练习线条很好，为什么一画图就差？

　　我是一个新手，现在手绘完全靠自学，想问一下："为什么我在随便练习线条的时候画得很有感觉，而到了真正临摹一幅作品的时候画出来的线条效果却不怎么好呢？"

　　答：首先来说这个问题是所有初学者都会遇到的一个问题，没必要太担心。其次，单独练习线条其实很快就可以上手了，因为画单线的难度其实很小。而且在拉线的过程中能形成运笔惯性，你会发现线条很直。但由于在形体中的线条会受到透视、线条长度和倾斜度的影响，因而绘制难度会增加。

　　总之，同学们在单线的练习中要时刻总结运线技法，而在形体训练中需刻意运用这些技法提高控线能力。如图 4.5.23 为线条运用熟练的优秀手绘图。

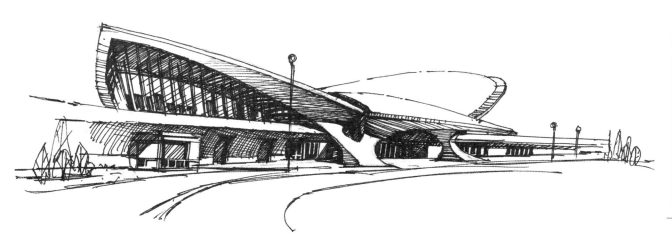

图 4.5.23　优秀手绘图欣赏

4.6 学员作品评析

以下是一些学员的手绘作品，现逐一评析其各自的优缺点。

4.6.1 佩特拉酒窖

建筑分析：

我们先来分析建筑（图 4.6.1）的两大方面，一是形体，二是材质。形体是圆柱体和长方体的组合，建筑材质为砖和玻璃两种材质。形体上圆柱体的透视比较困难，黑白处理上注意玻璃材质最重，砖墙的亮面少，在砖墙上需加材质线条。

图 4.6.1　佩特拉酒窖实景图

老师评语：

图 4.6.2 的形体比例把握非常不错，在明暗表达上把墙体只是按照体块处理，并没有表现砖面材质，这种处理方式也是可以的。图 4.6.3 的形体比例还算过关，水平的体块稍高了一些。建筑砖面材质的表现还是不错的，但是玻璃面还需再加重。

图 4.6.2　佩特拉酒窖学生手绘图 1

图 4.6.3　佩特拉酒窖学生手绘图 2

4.6.2　摇滚名人堂

建筑分析：

这栋建筑由圆柱，方柱，三角锥等几何体块构成。材质分为石材和玻璃两种材质，表现时容易出现的问题是画面整体性比较难统一。如图 4.6.4 所示。

图 4.6.4　摇滚名人堂实景图

老师评语：

图 4.6.5 用的是软线表现，线条洒脱自如，状态放松自由，给人很舒服的画面感受。图 4.6.6 线条刚劲有力，块面明确，线条密实肯定，给人以厚重的感觉。

两张图虽然刻画了同一建筑，因为使用的线条不同，给人的视觉感受也是不同的。在绘图时具体采用何种线条，这完全根据个人的喜好来选择。

图 4.6.5 摇滚名人堂学生手绘图 1

图 4.6.6 摇滚名人堂学生手绘图 2

4.6.3 路易斯教堂

建筑分析：

路易斯教堂采用了人字形的造型，材质有玻璃和陶砖两种，玻璃材质最重。如图 4.6.7 所示。

老师评语：

图 4.6.8 整体处理得很好，形体准确，明暗对比强烈。值得注意的是对玻璃的处理主观性很强，在玻璃的亮部进行直接留白很大胆。建筑表面直接留白稍微感觉厚重感不足。图 4.6.9 用的是炭笔表现，对明暗关系处理得也很好，侧面稍稍擦了几笔的处理带出了粗糙表皮的肌理感。

图 4.6.7 路易斯教堂实景图

图 4.6.8　路易斯教堂学生手绘图 1

图 4.6.9　路易斯教堂学生手绘图 2

4.6.4　大唐西市博物馆

建筑分析：

此博物馆形体造型并不复杂，但是形体组合却很丰富，富有变化。在形体上衔接好各体块还是有一定难度的。在明暗上应该突出墙体和玻璃两种材质的对比，而削弱背光面和迎光面的对比。如图 4.6.10 所示。

老师评语：

两张图在表现的深入程度上有较大差别，图 4.6.11 的整体关系非常正确。图 4.6.12 偏向精细表现，和图 4.6.11 只是细节上有出入，但在整体关系把握上并没有多少不同之处。整体关系：上面的三角形玻璃面和下面的玻璃体块要重，实体墙面要亮。

图 4.6.10　大唐西市博物馆实景图

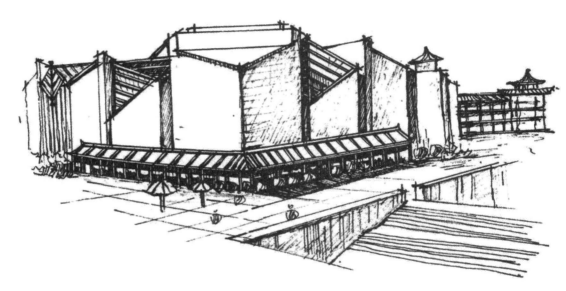

图 4.6.11　大唐西市博物馆学生手绘图 1

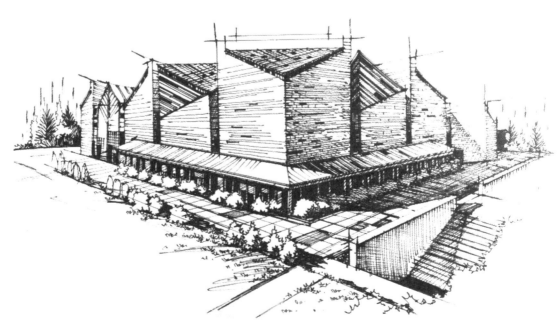

图 4.6.12　大唐西市博物馆学生手绘图 2

4.6.5　Honda Big Wing 陈列室

建筑解析：

这栋建筑的创意是"拥抱弯道"，很符合本田摩托车运动的主题，如图4.6.13所示。摩托车爱好者都热衷于山道压弯，所以创意特别贴切运动精神！建筑的形体透视较大，但对透视把握的难度并不大，对明暗的处理重点是底部要重，上面要弱化。

老师评语：

图4.6.14的整体构图把握得很好，但是对右上角玻璃窗的刻画显得过于厚重和简单。

图4.6.15的整体构图把握还较弱，首先上下比例明显不对，下面偏高。其次，对玻璃面的刻画过于简单毛糙。

图4.6.13　Honda Big Wing 陈列室实景图

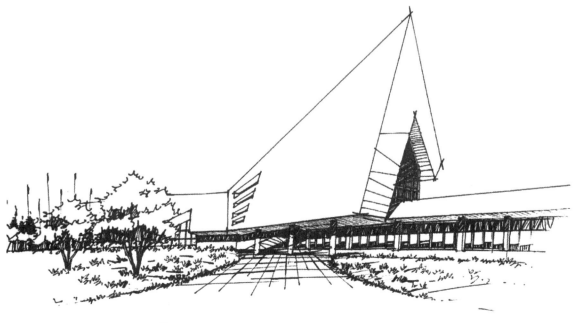

图4.6.14　Honda Big Wing 陈列室学生手绘图1

图 4.6.16 的整体感是最好的，在对右上角玻璃窗的刻画上，弱化了线条，较好地把握住了光影透视关系，使这一细节显得清晰，这是很好的处理手法。

图 4.6.15　Honda Big Wing 陈列室学生手绘图 2

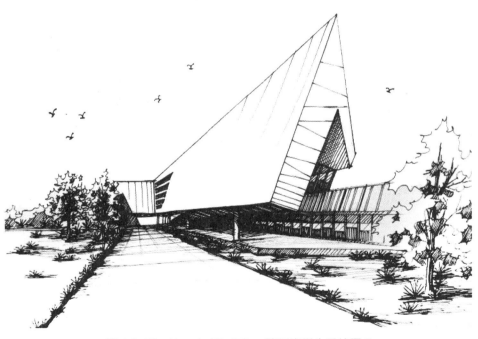

图 4.6.16　Honda Big Wing 陈列室学生手绘图 3

4.6.6　朗香教堂

建筑分析：

这座建筑在形体上以倾斜墙面和曲线形屋顶为主，对建筑形体描绘的难度在于对曲线的弧度和上下明暗的区分。如图 4.6.17 所示。

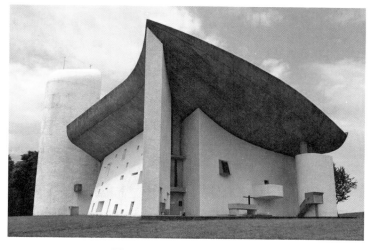

图 4.6.17　朗香教堂实景图

老师评语：

相比较而言，图 4.6.18 的图面表达应该是最出色的，只是顶部排线稍微浅了一点。

图 4.6.19 用的炭笔，透视效果对比较强烈。

图 4.6.20 用的是排线方式，图面很有绘画感。

这三张图因为表现形式和技法不同，各有特点，各呈千秋。都表达出了各自技法的作图特征。

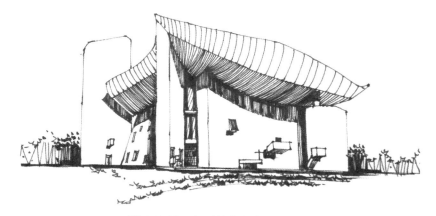

图 4.6.18　朗香教堂学生手绘图 1

图 4.6.19　朗香教堂学生手绘图 2

图 4.6.20　朗香教堂学生手绘图 3

4.6.7　圣玛利亚教堂

建筑分析：

这张图光影明确，形体也不是很复杂。处理的难度在于如何提升玻璃和石墙的对比度，以及如何处理上面剖面墙上的材质线条翻转的变化。如图 4.6.21 所示。

老师评语：

图 4.6.22 效果尚佳，光影明确，效果强烈，但下半部分的石墙和玻璃面材质没有区分清楚。

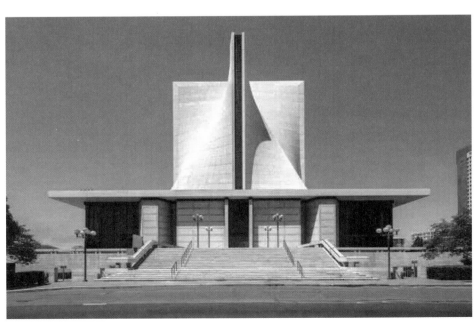

图 4.6.21　圣玛利亚教堂实景图

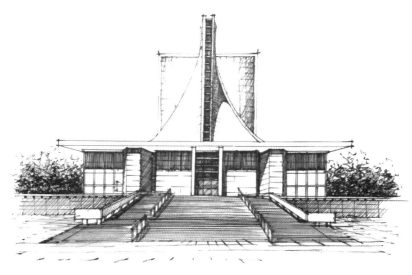

图 4.6.22　圣玛利亚教堂学生手绘图 1

　　图 4.6.23 问题较重，首先，形体比例第一层的层高过高，整体比例失调。其次，玻璃面的斜线画法不对，显得图面有些死板。

　　图 4.6.24，绘图熟练程度一般，但是，对关系线条的把握却很好！

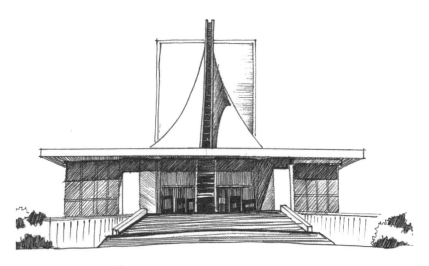

图 4.6.23　圣玛利亚教堂学生手绘图 2

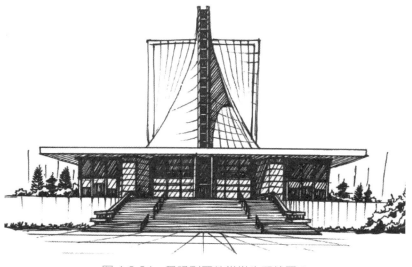

图 4.6.24　圣玛利亚教堂学生手绘图 3

4.6.8　卢加诺办公楼

建筑分析：

这座建筑描绘的要点有两点：一是对砖面材质的刻画，二是下虚上实的明暗关系和中间结构加重的统一协调。如图 4.6.25 所示。

老师评语：

我一共选择了三张习作图，每一张图案在处理主体墙面的时候都没有表现出砖墙材质，而是作留白处理，这样按照体块的方式处理砖墙在手绘中也是可以的，但最好是能表现出主体墙面的材质。

图 4.6.26 的处理相对比较完善，效果也很强烈，只是地面处理得过于简单，应该适当加重建筑的接地处理。

图 4.6.25　卢加诺办公楼实景图

图 4.6.26　卢加诺办公楼学生手绘图 1

图 4.6.27 底部的留白比例稍多，而且中间的钢架结构部分过重，就显得头重脚轻。图 4.6.28 比图 4.6.27 这种头重脚轻的感觉就更加明显！

图 4.6.27　卢加诺办公楼学生手绘图 2

图 4.6.28　卢加诺办公楼学生手绘图 3

4.6.9　法国里昂汇流博物馆

建筑分析：

　　这座建筑的动态感很强，形体的细节转折比较多，不是初学者能很好把握的造型，如图 4.6.29 所示。明暗关系上并不是很难，只有把下面处理重一些，侧面弱化，前面尽量留白就可以。难点是下面细节较多，容易画花，使局部细节过跳。

图 4.6.29　法国里昂汇流博物馆实景图

老师评语：

图 4.6.30 属于想要的太多，得到的太少。画出了很多细节，但却失去了整体的关系。

图 4.6.31 相对细节比较缺少，但是整体关系很强。

图 4.6.32 整体关系很强烈，虽然缺少细节，但是效果还是很好的！

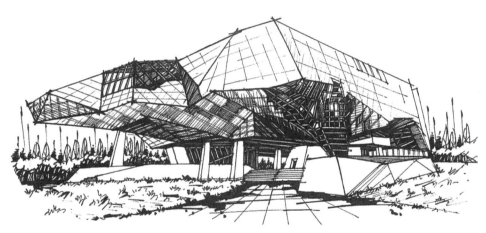
图 4.6.30　法国里昂汇流博物馆学生手绘图 1

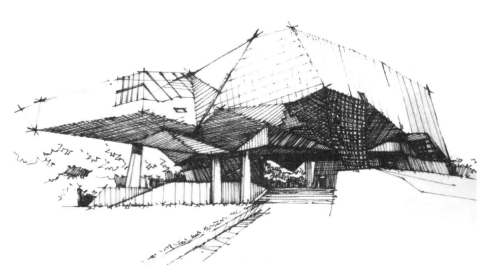
图 4.6.31　法国里昂汇流博物馆学生手绘图 2

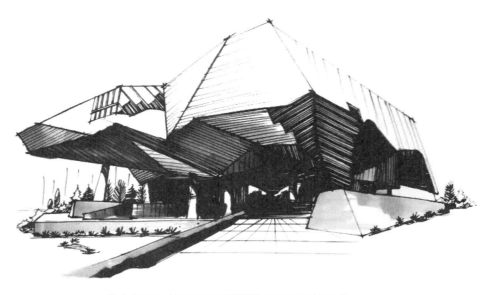

图 4.6.32　法国里昂汇流博物馆学生手绘图 3

　　这几张图的实践告诉我们一个道理：对整体关系的把握比细节刻画更为重要，是我们画出一张优秀手绘图的前提！

4.6.10　法国蓬皮杜梅斯中心

　　建筑分析：此建筑更像是一顶草帽，对于这样形体曲折的建筑来讲，我们要找准方法才能正确地把形体画出来。在造型的时候绘图者是从下面几何状的建筑开始画，然后再画出三条结构支撑的"腿"，最后加上帽顶。黑白关系是下面最重，其次是屋檐以下的结构和投影。整体关系是自下而上的明暗渐变。如图 4.6.33 所示。

图 4.6.33　法国蓬皮杜梅斯中心实景图

老师评语：

图 4.6.34 完成得相对要好一些，形体更加准确，明暗关系把握得也很不错。

图 4.6.35 相对来讲造型出了一点问题：左边的屋檐结构线过高，没有了建筑舒适伸展的感觉，失去了建筑比例的整体美感。

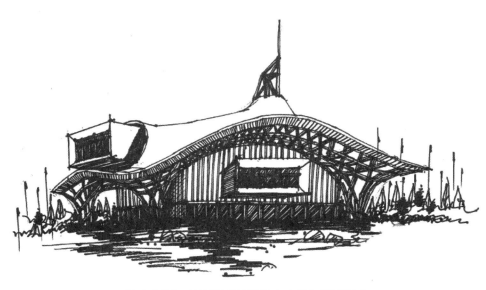

图 4.6.34 法国蓬皮杜梅斯中心学生手绘图 1

图 4.6.35 法国蓬皮杜梅斯中心学生手绘图 2

第 5 章　建筑手绘赏析

本章的赏析共分为三个部分：精细化表现、快速表现和草图纸表现。精细化表现重在深入刻画建筑的材质关系，写实性较强。快速表现重在时间的把握，用较短的时间训练建筑手绘图。草图纸表现重在训练如何使用特种纸张绘图，也是快速表现的一种。三种表现中，精细化表现更适合学习者初期进行训练，中后期适合进行快速表现的训练。

5.1　建筑手绘精细化表现

5.1.1　桑特米克尔学校

本图的重点就是如何表现好列柱，同时要注意体积的对比，通过对暗部加大量的灰色块，区分开侧光面和迎光面。建筑中的室内灯光亮着，在处理时需把内部的光源关掉，这样图面效果更好。所以在建筑手绘精细化表现时，主观思考的部分更多一些，如图 5.1.1、图 5.1.2 所示。

图 5.1.1　桑特米克尔学校实景图

图 5.1.2　桑特米克尔学校手绘图

图 5.1.3　Storingavika 别墅实景图

5.1.2　挪威的木船——Storingavika 别墅

本图的重点是对木材质的刻画。重点要掌握对木材质进行加重处理时的"条理清晰"，"条理清晰"是指加重的黑线要干净利落。提倡加重时用尺子辅助刻画。需要注意此建筑悬挑部分的暗部可以处理成灰色调，也可以处理成重色调。悬挑部分顶上的底面虽然照片上面看起来颜色很重，但在图中的处理不能太重，如图 5.1.13、图 5.1.14 所示。

图 5.1.4　Storingavika 别墅手绘图

图 5.1.5　墨西哥 Narigua 别墅实景图

5.1.3　墨西哥 Narigua 别墅

本图的重点是对木材质的刻画，需注意以下两点：①前面两棵树的树头和建筑底面的对比衬托关系，树头处理的亮面和建筑的暗部产生强烈对比；②建筑中间大投影的排线加重和黑色块加重，排线要密实，黑色块要形状明晰，不能乱成一团。如图 5.1.5、图 5.1.6 所示。

图 5.1.6　墨西哥 Narigua 别墅手绘图

5.1.4　周市镇野马渡文体中心

本图的材质比较复杂，我们不能看到什么就画什么，不能看见黑色就加重，应该学会主观地处理材质的明暗关系，才能把黑白灰对比关系处理好。比如本图中顶部材质看似很重，但因处在较次要的位置，所以建议留白处理。同时，对远处的玻璃幕墙进行弱化处理也是这个道理。如图 5.1.7、图 5.1.8 所示。

图 5.1.7　周市镇野马渡文体中心实景图

图 5.1.8　周市镇野马渡文体中心手绘图

図 5.1.9　格罗宁根大学生命科学中心实景图

5.1.5　格罗宁根大学生命科学中心

本图的重点是对建筑的体面区分和木材质的刻画。对建筑的底部处理可以再重一些，迎光面玻璃窗的处理可以稍微加点重色面。从现在的效果来看也很不错，对面与面的对比和材质的刻画都很到位，如图 5.1.9、图 5.1.10 所示。

图 5.1.10　格罗宁根大学生命科学中心手绘图

5.1.6　法国班多尔塞马场

图 5.1.11　法国班多尔塞马场实景图

此建筑的形体和材质较为复杂，对建筑的刻画还是有一定难度的。在造型上，建筑比例要体现出建筑水平延伸的感觉。在明暗的处理上要突出中心位置的加重，然后渐渐地往四周减弱。建筑右后方玻璃幕墙因为离主体较远，明暗的处理不宜太重，要弱化，应以勾画结构线为主。如图 5.1.11、图 5.1.12 所示。

图 5.1.12　法国班多尔塞马场手绘图

5.1.7　东莞展览馆

　　这栋建筑的材质有玻璃、实墙和木质肌理（不等于木材质）三种材质，处理黑白灰关系有一定难度。图面中间玻璃窗利用投影处理明暗面的对比，这是一个比较取巧的技法。远处建筑入口处玻璃门窗要注意明暗及近实远虚的变化，要有一定的层次感和空间感。如图 5.1.13、图 5.1.14 所示。

图 5.1.13　东莞展览馆实景图

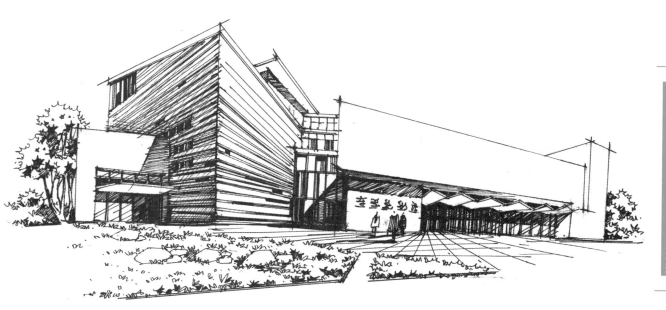

图 5.1.14　东莞展览馆手绘图

图 5.1.15　Lowy 癌症研究中心实景图

5.1.8　Lowy 癌症研究中心

本图的处理属于虚实对比强烈的下重上轻，下虚上实的情况。在细节上有两点需要注意：①图面中间上半部分的木材质肌理的渐变处理，不能平均，要注意从下往上的渐变；②右后方的渐变要注意线条慢慢变弱，双线变单线，逐步向后面过渡。如图 5.1.15、图 5.1.16 所示。

图 5.1.16　Lowy 癌症研究中心手绘图

5.1.9　四川浮生御度假村

图 5.1.17　四川浮生御度假村实景图

本图两种材质的刻画难度都比较高，屋顶材质面积较大和玻璃幕墙如何刻画都是难点。第一个难度：屋顶的侧面画得过重会和正面的玻璃拉不开对比。第二个难度：正面的玻璃面积较大，要把玻璃窗刻画的三个构成要素处理好（投影、亮部留白、倒影），同时要表现出近实远虚的效果。如图 5.1.17、图 5.1.18 所示。

图 5.1.18　四川浮生御度假村手绘图

5.1.10　巴西 FP 住宅

　　此建筑的构图属于阴角构图，有两种处理方式，一种是正常的前实后虚，另一种是中间实两边虚，本图采取的是第二种处理方式。这样图面两边看似很重的地方，因为要弱化边缘就不应该再处理得过重，而应该处理得较轻一些，尽量多留白。在建筑的中间则相反，应该尽量加重，加入大量的密实线条和黑色块。如图 5.1.19、图 5.1.20 所示。

图 5.1.19　巴西 FP 住宅实景图

图 5.1.20　巴西 FP 住宅手绘图

5.1.11 昆士兰大学工程学院新科研大楼

建筑画应该注意图片语言转化为图示语言，不能看见什么画什么，不能看见哪黑就画黑，应该多主观地处理明暗。比如，此建筑的左侧挑出的玻璃窗，看着较重，但是处理的时候要弱化和多留白，才能与中间的加重产生强烈对比，这就是主观的处理。相反，如果将玻璃体加重，就没有了主次关系。右侧墙体的虚化同样是这个道理。如图 5.1.21、图 5.1.22 所示。

图 5.1.21　昆士兰大学工程学院新科研大楼实景图

图 5.1.22　昆士兰大学工程学院新科研大楼手绘图

5.1.12　土耳其希什利市政厅

图 5.1.23　土耳其希什利市政厅实景图

此建筑的难点是材质的面积比较多，几乎没有留白的墙面。这样就要在材质上区分明暗变化。同时，完全徒手的线条，刻画木材质多了很容易有糙乱的感觉。所以，加重的黑色线条尽量使用尺规画线。可以让画面显得干净、利落。同时要注意建筑各个面材质的明暗对比关系。如图 5.1.23、图 5.1.24 所示。

大禹手绘系列丛书　建筑手绘教程

图 5.1.24　土耳其希什利市政厅手绘图

5.1.13　Raface Arozarena 高中

　　这栋建筑的材质比较统一，但是形体较为复杂，所以，可以通过下重上轻和前实后虚的效果把建筑整体统一起来，这是本图的重点。在处理时，要强化对中间部位的刻画，以及对于左边（前面）部分的刻画。此手绘图对石墙的表现比较细致，对于图面空间的拉深起到了一定帮助，值得学习。如图 5.1.25、图 5.1.26 所示。

图 5.1.25　Raface Arozarena 高中实景图

图 5.1.26　Raface Arozarena 高中手绘图

图 5.1.27　中国美术学院象山校区实景图

5.1.14　中国美术学院象山校区

此建筑的绘制重点是对柱廊的刻画，柱廊主要是通过对每个小柱之间的加重衬托出来的，在刻画时要严谨细致，线条最好是用小尺子来辅助刻画。如图 5.1.27、图 5.1.28 所示。

图 5.1.28　中国美术学院象山校区手绘图

5.1.15　法国 Mineral Lodge 别墅

此建筑需重点刻画的是砖墙，而且建筑本身的材质比较复杂，砖墙、木材和玻璃窗等多种材质出现在一个建筑上。在把握好每个细节的刻画上更要注意统一：①砖墙纹理的刻画，黑色块加重不要过多，点到为止；②木材质的加重不要过多；③玻璃材质因为在上部不要过重，尽量留白为主。如图 5.1.29、图 5.1.30所示。

图 5.1.29　法国 Mineral Lodge 别墅实景图

图 5.1.30 法国 Mineral Lodge 别墅手绘图

5.1.16 中粮天津展示厅

此类型的建筑（图 5.1.31）表皮不常画到，需要学会怎么分析。首先要找到一个材质单元符号，然后将单元符号按照前实后虚，下实上虚的关系处理就可以了。只要分析出单元符号，表现也就不那么难了。需要注意的是，图 5.1.32 在建筑底面的暗部没有刻画材质，只是给了一些交叉的线条表达明暗对比，这样的表达不太充分，会显得空洞单薄，最好是先表达材质肌理，然后再在暗部肌理上进行排线加重。

图 5.1.31 中粮天津展示厅实景图

图 5.1.32 中粮天津展示厅手绘图

5.1.17　河北工程大学建筑馆

图 5.1.33　河北工程大学建筑馆实景图

这栋建筑看似简单，但塑造的难度却不低，因为没有太多东西可以画，那么体积的表达就是一个难度。在这张图上要抓住 3 个重点：①入口门要强化加重；②弧墙的投影要主观加大加重；③暗部窗子的塑造要有层次，有主次。如图 5.1.33、图 5.1.34 所示。

图 5.1.34　河北工程大学建筑馆手绘图

5.1.18　上海大学图书馆

通过这栋建筑我们要思考两个问题：①大理石墙的刻画技法；②体量较大的建筑应该如何把握整体关系。

第一个难点比较好解决，主要注意砖墙面与面的对比就可以，在不同的面要给不同的明暗，强化体积对比。第二个难点是把握好整体关系，把近实远虚和下重上轻的效果表达明确。如图 5.1.35、图 5.1.36 所示。

图 5.1.35　上海大学图书馆实景图

图 5.1.36　上海大学图书馆手绘图

5.1.19　悉尼达利酒店

　　此建筑重点把握两点：①玻璃幕墙和石墙两种材质的明暗对比；②玻璃材质要体现下重上轻的明暗关系。同时，图面里左下角的玻璃窗不要刻画过重。不能因为它的颜色重而画得很重。而要根据需要和根据整体关系主观处理。如图 5.1.37、图 5.1.38 所示。

图 5.1.37　悉尼达利酒店实景图

图 5.1.38　悉尼达利酒店手绘图

5.1.20 荷兰 Alliander 能源电网公司总部

图 5.1.39　荷兰 Alliander 能源电网公司总部实景图

此建筑的重点就是如何对窗户上的玻璃幕墙进行刻画，在处理的时候应该强化明暗面的体积对比，同时也要注意玻璃的光泽变化。把握好暗部不能过花，亮部也不能画碎，亮部与暗部都应在整体关系中找出各自的变化。如图 5.1.39、图 5.1.40 所示。

图 5.1.40　荷兰 Alliander 能源电网公司总部手绘图

5.1.21　米兰世博会印度尼西亚馆

图 5.1.41　米兰世博会印度尼西亚馆实景图

此建筑有多种材质关系，刻画起来比较复杂。对上部曲形部分的刻画不能过重，否则有压头的感觉。因建筑材质较为复杂，需要有一定的留白，而玻璃部分的留白是最好处理的，所以，玻璃留白要多一些。在环境的刻画上本图表现得稍微有点复杂，最好再弱化一下。如图 5.1.41、图 5.1.42 所示。

图 5.1.42　米兰世博会印度尼西亚馆手绘图

5.1.22　广州图书馆

　　这栋建筑的材质比较复杂，难度也较大，要求绘画者主观处理的部分更多一些。比如建筑右边体块的亮部处理，没有均质处理，而是将远处进行了大量的留白处理，弱化右边突出中间，拉大了空间的深度。相反，如果远处处理过多则显得很平，削弱了主次关系。同时中间玻璃的处理要注意利用投影来把握明暗变化。如图 5.1.43、图 5.1.44 所示。

图 5.1.43　广州图书馆实景图

图 5.1.44　广州图书馆手绘图

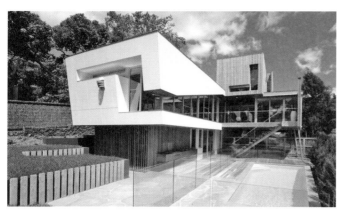

图 5.1.45　澳大利亚墨尔本 Kew 住宅实景图

5.1.23　澳大利亚墨尔本 Kew 住宅

这栋建筑的刻画重点在于玻璃门窗的技法。从整体关系上来讲重点把握以下两点：①下重上轻，下面的黑色块要多一些；②上面的玻璃面积比较大，要处理好虚实关系。不能全部画得很重，各个面的明暗对比变化很重要。如图 5.1.45、图 5.1.46 所示。

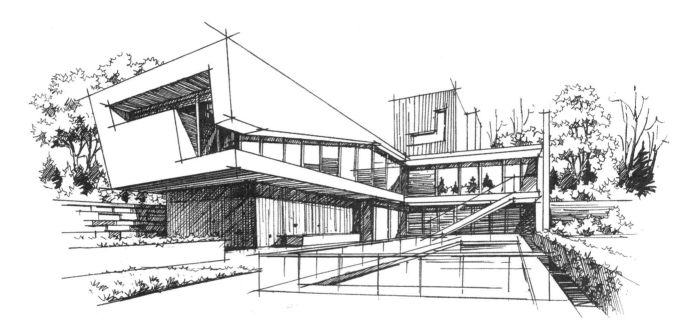

图 5.1.46　澳大利亚墨尔本 Kew 住宅手绘图

5.1.24　土耳其开塞利室内溜冰场

这栋建筑看似难度较大，但本质来讲只要将中间的玻璃窗处理好，整个建筑也就处理好了。同时，在这张图里面要理解一个处理技法——"强化技法"。比如，我们看照片感觉不到很强的光照，没有看到明显的投影，这时我们就要主观处理，想象出强烈的光影效果。只有把光影处理好，手绘图整体上看才能有好的光照感。如图 5.1.47、图 5.1.48 所示。

图 5.1.47　土耳其开塞利室内溜冰场实景图

图 5.1.48　土耳其开塞利室内溜冰场手绘图

5.1.25　阿迪达斯"鞋带大楼"

　　这栋建筑创意是"鞋带",明暗的处理突出条纹状的明暗变化。窗户的刻画属于类似长条窗的刻画技法。需要注意左右两个面的明暗度的对比,暗部要处理偏重,排线要密、黑色块要加得稍多。亮部的线要疏,留白要多,黑色块要少。同时,要注意突出中间的主体部分,虚化两边的次要部分。如图 5.1.49、图 5.1.50 所示。

图 5.1.49　阿迪达斯"鞋带大楼"实景图

图 5.1.50　阿迪达斯"鞋带大楼"手绘图

图 5.1.51　葡萄牙查韦斯赌场酒店实景图

5.1.26　葡萄牙查韦斯赌场酒店

　　本图透视强度较大，建筑的视觉冲击力很强，只要把形体透视把握好了整体效果就会很舒适，再适当地刻画材质的明暗关系，图面效果就会很完整。此建筑的难点是对透视的掌握，构图造型上容易出现问题。在明暗关系塑造上把握好前实后虚的渐变关系就不会出问题。如图 5.1.51、图 5.1.52 所示。

图 5.1.52　葡萄牙查韦斯赌场酒店手绘图

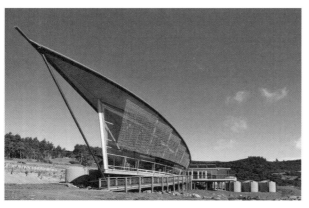

图 5.1.53　新西兰达尼丁 Konui Ecosanctuary 游客中心实景图

5.1.27　新西兰达尼丁 Konui Ecosanctuary 游客中心

　　此建筑难点在于对弧线的形体透视控制，没必要非画快线，可以画慢线。在黑白的处理上，依然是下重上轻，黑色块主要加在建筑中间偏下的位置。对左上的处理要减弱，不要加过密的线条和黑色块，减弱可以更加突出左上角的上升感。如图 5.1.53、图 5.1.54 所示。

图 5.1.54　新西兰达尼丁 Konui Ecosanctuary 游客中心手绘图

5.1.28　美国帕索罗布斯达克曼住宅

建筑手绘图不要强调对树木的绘制，但要强调对地形的绘制。特别是特殊环境的地形，比如坡地、河流等，要简化环境中的绿化，重视对建筑物的刻画。这张图在右边玻璃幕墙的处理上进行了大量留白，主要是考虑到了对左边的暗部要加重，以此来强化迎光面（亮部）和背光面（暗部）的对比。如图 5.1.55、图 5.1.56 所示。

图 5.1.55　美国帕索罗布斯达克曼住宅实景图

图 5.1.56　美国帕索罗布斯达克曼住宅手绘图

5.1.29　西班牙巴塞罗那发电厂

图 5.1.57　西班牙巴塞罗那发电厂实景图

对于同一建筑，不同的人画出来的感觉是不一样的，这主要就是因为对于图面的个性化主观处理不同。比如，不同材质覆盖着整个建筑，在处理黑白灰明暗关系时，要考虑材质的密度变化和墙面孔洞的加重处理。同时，因为底层的退让有利于表现强烈的投影，与上面的建筑体面产生强烈的光影对比，使画面更具有立体感。如图 5.1.57、图 5.1.58 所示。

图 5.1.58　西班牙巴塞罗那发电厂手绘图

5.1.30　米兰世博会中国馆

图 5.1.59　米兰世博会中国馆实景图

此建筑描绘的难点在于如何准确地表现出主体建筑的上升感、半透明感，这是一种由实到虚的表达。刻画时在中心位置用了素描调子的技法，使得中心显得厚重，再慢慢向四周过渡，在建筑的最上面只画部分的结构线，不再进行明暗调子的表达。这样从中心到四周，尤其是向上就形成了半透明感。需要注意上面虚化的部分，结构线也要慢慢向上弱化，不应该加重结构线。如图 5.1.59、图 5.1.60 所示。

图 5.1.60 米兰世博会中国馆手绘图

5.1.31 故宫

　　故宫的表现更多突出的是中轴线，从天安门依次到端门、午门、太和门等一系列主体建筑的渐变，完成前实后虚的空间关系的表达。同时，为了突出建筑的主体地位，对周围植物的刻画就不应该过重，植物要以灰色调为主，而且要和整体的空间感相符合，从前面、中间向后面、四周慢慢过渡，突出中轴线上建筑的中心地位。如图 5.1.61、图 5.1.62 所示。

图 5.1.61 故宫实景图

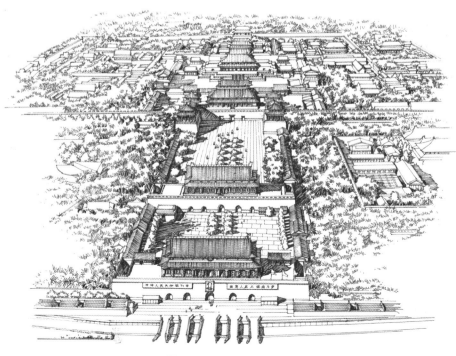

图 5.1.62 故宫手绘图

5.1.32　悉尼歌剧院

图 5.1.63　悉尼歌剧院实景图

此建筑的空间是通过前实后虚和前后明度对比来表达的：①塑造前面的物体时要注意细节刻画，比如轮船、建筑的开窗等等，而远处的物体应尽量虚化、弱化；②建筑材质也要注意明暗的对比，比如前面白色弧形壳体和背景绿化树木的对比，一明一暗的对比，以及建筑本身三种材质（石材、混凝土、玻璃）的对比等等，这些都是主观处理的结果。如图 5.1.63、图 5.1.64 所示。

图 5.1.64　悉尼歌剧院手绘图

5.1.33　悉尼展览馆

此建筑的刻画有两个重点：玻璃幕墙和建筑石墙材质。在玻璃幕墙上首先要注意玻璃各个面都是转折关系，因此每个面的明暗是不同的，同时，要利用好底部光影关系来巧妙处理明暗对比。在建筑上部的体块上，各个面也都有转折关系，要先预定好每个面的渐变方向，处理好面与面的明暗转折。如图 5.1.65、图 5.1.66 所示。

图 5.1.65　悉尼展览馆实景图

大禹手绘系列丛书　建筑手绘教程

图 5.1.66　悉尼展览馆手绘图

5.1.34　概念方案 1

　　此建筑在表现上主要是要处理好建筑表皮各个面的转折关系，对于单面的明暗变化要提前想好。同时，要考虑好面与面的明暗对比。只有强化了面与面的明暗对比，建筑的体积感才能表现出来。同时，建筑的第一层玻璃窗体要加重光影暗化处理，让重的玻璃材质和亮的建筑表皮材质产生强烈对比。如图 5.1.67、图 5.1.68 所示。

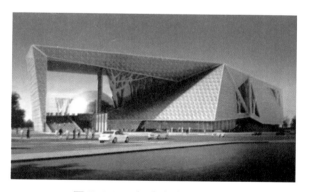

图 5.1.67　概念方案 1 渲染图

图 5.1.68　概念方案 1 手绘图

5.1.35　概念方案 2

这张图有两个重点刻画部分：木材质和玻璃材质。木材质的三个面对比强烈，但对转折处的处理不是很到位，明暗交界线前面处理再亮一些更好，那样面与面的对比会更强烈。玻璃窗体的细节刻画很到位，玻璃材质塑造的三个元素（投影、亮面留白、倒影）俱全。如图5.1.69、图5.1.70 所示。

图 5.1.69　概念方案 2 渲染图

图 5.1.70　概念方案 2 手绘图

5.1.36　住宅

图 5.1.71　住宅实景图

此建筑在明暗关系处理上要注意左上角的加重一定要弱化，相反，建筑右后部和中下部反而应该加重，因为大面积白色墙体需要通过暗部的加重对比衬托出来。同时，要注意左上角有大面积的阴影，阴影的排线要轻一些，不要过密、过重，否则就会显得主次不清。如图5.1.71、图 5.1.72 所示。

图 5.1.72　住宅手绘图

5.1.37　办公楼 1

　　此建筑塑造的难度适中，把建筑中间部分的材质刻画细致一些基本就完成了。同时，对近处一层的凹入部分的刻画要强化加重，与远处材质形成虚实对比。在中间材质的塑造上要注意利用投影表现明暗变化，同时，本图对光线的方向进行了调整，左侧来光改成了右侧来光。这是允许的，不过需要更多主观的思考。如图5.1.73、图 5.1.74 所示。

图 5.1.73　办公楼 1 实景图

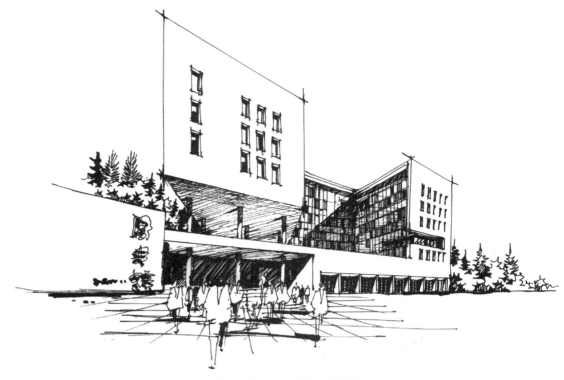

图 5.1.74　办公楼 1 手绘图

5.1.38　办公楼 2

图 5.1.75　办公楼 2 实景图

这张图的重点是处理好各个窗子之间的明暗关系，不能看见各个部位都很重就画得一样重，而应该根据窗子的位置合理处理好明暗关系。在这张图中可以处理成下重上轻、中间实两边虚的整体关系。按照这个关系，一层窗子就要进行加重处理，上面和两边的窗子要弱化处理。如图 5.1.75、图 5.1.76 所示。

图 5.1.76　办公楼 2 手绘图

5.1.39 办公楼 3

玻璃幕墙的塑造技法有很多，有写实的，有概括的，建议此图案用最简单的方式，就是把玻璃当墙来刻画。不要考虑通透性，或者只在次要留白的地方考虑些许的通透感，画一些后面的物体或者结构线，以示通透感。同时，此建筑手绘图对环境的表现有些过多，需要减弱、减少一些。如图 5.1.77、图 5.1.78 所示。

图 5.1.77 办公楼 3 实景图

图 5.1.78 办公楼 3 手绘图

5.1.40 办公楼 4

此建筑表现起来难度不是很大，关键在于底部一层要加重透视处理，近处体块上的木材质和石墙材质刻画要细致。同时，因为第一层的玻璃门窗位置较远，在加重时不要加过多的黑色块，以结构线为主，靠近中心的位置稍微加重一下黑色块。如图 5.1.79 所示。

大禹手绘系列丛书 建筑手绘教程

图 5.1.79　办公楼 4 手绘图

5.1.41　某宾馆

　　这张图的透视很强，主要是因为上夹角较小的原因。同时，在图面表达上要注意以下三点：①对建筑实体中部玻璃体的塑造，利用了光影的明暗进行刻画，这种技法很取巧；②右侧阵列式的开窗，要注意近实远虚的关系；③中间出挑形体的投影要加重和强化，突出地面上投影的刻画，使投影与建筑的主体产生强烈的明暗对比。如图 5.1.80 所示。

图 5.1.80　某宾馆手绘图

5.1.42　某活动中心

　　此建筑的透视很大，视觉冲击力很强，主要技巧在于对最上面的尖角度数的把握，度数越小透视越强，反之，越平缓。在明暗的处理上，因为都是体块关系，材质较少，在刻画上没有太大难度，注意强调体块的光影关系就可以，把近处悬挑的体块投影加大处理，同时，右边阵列式的开窗应该注意前后的虚实变化。如图 5.1.81 所示。

图 5.1.81　某活动中心手绘图

5.1.43　鸟瞰图

　　对这栋建筑物的刻画最重要的是要把握好整体关系，在画的时候要有个指导思路，不要掉进细节里面。比如上实下虚和建筑接地以后中间实、四周虚，这个其实就是本图指导思路。我们按照这个思路画下去就能把握好图面的整体关系。至于细节怎么样，与细部刻画的能力有关，在整体关系上不出问题才是关键。如图 5.1.82 所示。

5.1.44　黄鹤楼

　　本图的刻画主次明确，重点刻画了建筑主体，放弱了周边环境，以此产生强烈对比。建筑明暗对比强烈，树木体积感很强。因细节较多，建议用针管笔刻画。如图 5.1.83 所示。

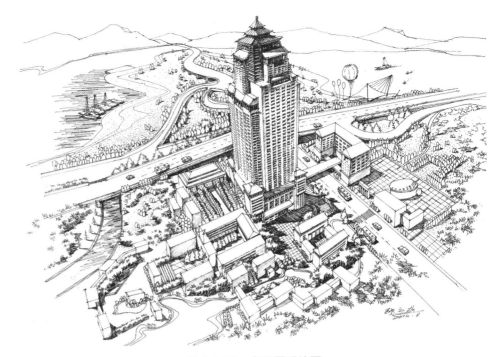

图 5.1.82　鸟瞰图手绘图

图 5.1.83　黄鹤楼手绘图

5.2 建筑手绘快速表现

5.2.1 柏林爱乐音乐厅

本图的重点是材质复杂，要区分材质的明暗变化，需注意两点关系：①整体关系是下重上轻，下虚上实；②上面的玻璃材质要多留白，要弱化处理。如图5.2.1、图5.2.2所示。

图 5.2.1　柏林爱乐音乐厅实景图

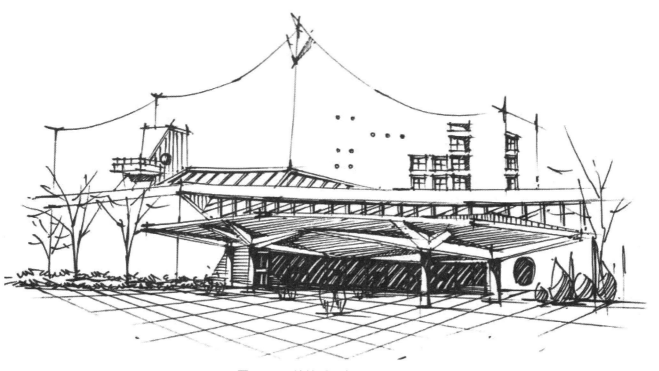

图 5.2.2　柏林爱乐音乐厅手绘图

5.2.2 不平衡动感 R 豪宅

这栋建筑的描绘重点：①玻璃体的明暗两个面对比关系的处理；②建筑形体的透视较大，形体结构线在准确度上把握起来较难。如图5.2.3、图5.2.4所示。

图 5.2.3　不平衡动感 R 豪宅实景图

图 5.2.4　不平衡动感 R 豪宅手绘图

5.2.3　墨尔本维多利亚酒店改造住宅

图 5.2.5　墨尔本维多利亚酒店改造住宅实景图

　　这栋小建筑很精致，实虚对比强烈，要注意两个地方：①木材质的刻画；②石墙材质的刻画。同时，绘图者对建筑左下部灰色的墙体进行了留白处理，主观性很强，值得模仿。如图 5.2.5、图 5.2.6 所示。

图 5.2.6　墨尔本维多利亚酒店改造住宅手绘图

5.2.4 郑州万科城售楼中心 1

本图的重点有以下两点：①将下部的窗体和上面的实体进行明暗刻画，形成强烈对比；②在建筑右部稍微带些线条，以此区分出左右的明暗关系。如图5.2.7、图5.2.8所示。

图5.2.7 郑州万科城售楼中心1实景图

图5.2.8 郑州万科城售楼中心1手绘图

5.2.5 郑州万科城售楼中心 2

本图重点是两点：①通过下重上轻的绘制原则使下部的窗体和上面的实体形成强烈对比；②将上部的各个转折面的对比用线条稍微区分一下。如图5.2.9、图5.2.10所示。

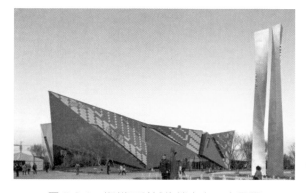

图5.2.9 郑州万科城售楼中心2实景图

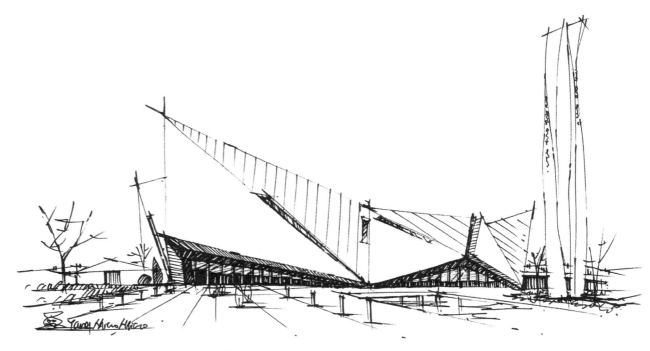

图 5.2.10　郑州万科城售楼中心 2 手绘图

图 5.2.11　河南信阳市体育馆实景图

5.2.6　河南信阳市体育馆

　　此建筑要处理好以下三点：①金属表皮要留白处理；②中间材质加重处理；③中间玻璃窗的亮部进行留白处理。如图 5.2.11、图 5.2.12 所示。

图 5.2.12　河南信阳市体育馆手绘图

5.2.7　Honda 展厅

　　这栋建筑刻画的重点和难点在于玻璃幕墙的面积很大，明暗的处理较为困难。如果在塑造上不敢加重，而容易使图面产生空洞的感觉。例图的处理很有层次感，同时，建筑左右两个面的明暗对比也很明确，体积感较强。如图 5.2.13、图 5.2.14 所示。

图 5.2.13　Honda 展厅实景图

图 5.2.14　Honda 展厅手绘图

5.2.8　葡萄牙 Gateira 住宅

　　这张图的效果主要利用了背景环境的衬托，将建筑大面积留白处理，而对环境则加入了大量的线条刻画，产生强烈对比，视觉效果很棒。注意对环境的刻画要点到为止，不要过多刻画。鸟瞰图还可以加大投影的刻画，用投影来衬托建筑比用环境衬托的方式更简洁有效。如图 5.2.15、图 5.2.16 所示。

图 5.2.15　葡萄牙 Gateira 住宅实景图

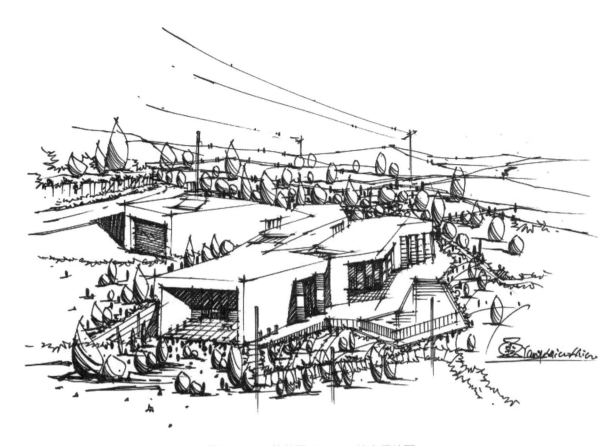

图 5.2.16　葡萄牙 Gateira 住宅手绘图

5.2.9　毕尔巴鄂航站楼

图 5.2.17　毕尔巴鄂航站楼实景图

　　本图的重点有以下四点：①玻璃体和白色屋顶的强烈对比；②玻璃材质的亮面刻画；③整体比例关系；④建筑地面一般弱化处理成浅灰色调。如图 5.2.17、图 5.2.18 所示。

图 5.2.18　毕尔巴鄂航站楼手绘图

5.2.10 丹佛艺术博物馆扩建

首先把灯光效果改为外光源，不要夜光的效果。建筑共两种材质——玻璃和实墙，玻璃材质要尽量加重，与上部实墙产生强烈对比。细节上注意两点：①玻璃的左右两个面明暗对比强烈；②光源要统一，不要左右来光。如图 5.2.19、图 5.2.20 所示。

图 5.2.19 丹佛艺术博物馆扩建实景图

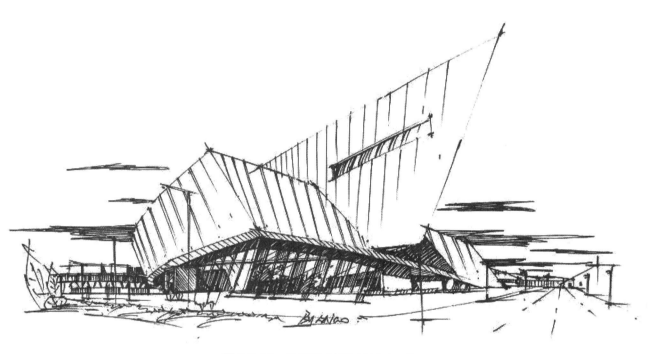

图 5.2.20 丹佛艺术博物馆扩建手绘图

5.2.11 沃尔夫斯堡文化中心

此建筑的重点有三点：①下虚上实，下重上轻；②建筑上部形体的面与面的对比；③整体的变化关系是前实后虚。如图 5.2.21、图 5.2.22 所示。

图 5.2.21 沃尔夫斯堡文化中心实景图

图 5.2.22　沃尔夫斯堡文化中心手绘图

5.2.12　关汉卿大剧院

图 5.2.23　关汉卿大剧院实景图

　　此建筑的材质很复杂，描绘要注意两点：①区分多种材质的明暗关系成为本图的重点；②加强中间加重，放弱两边，让图面有个视觉重心。如图 5.2.23、图 5.2.24 所示。

图 5.2.24　关汉卿大剧院手绘图

图 5.2.25　刘海粟美术馆实景图

5.2.13　刘海粟美术馆

　　此建筑的表现不是很难，刻画时应该注重两点：①下重上轻，下虚上实。对下部玻璃面要大量加线、中间处加黑色块处理；②在暗部的面上加些许的线条，区分开各个面的关系。如图 5.2.25、图 5.2.26 所示。

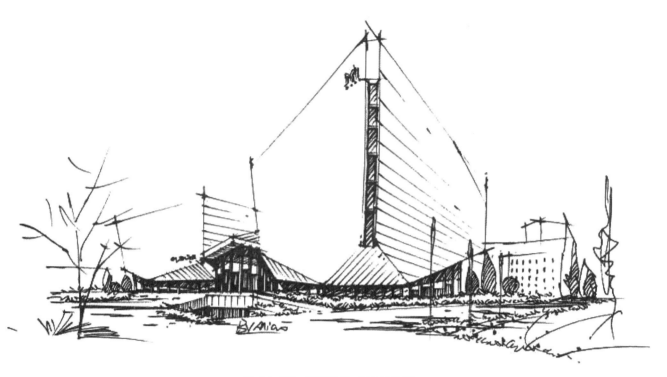

图 5.2.26　刘海粟美术馆手绘图

5.2.14　广西柳州市李宁体育馆

　　本图的重点：①多材质的对比，要处理好材质的轻重关系；②依然是下虚上实，下重上轻的整体关系；③把握好面与面的体积转折。如图 5.2.27、图 5.2.28 所示。

图 5.2.27　广西柳州市李宁体育馆实景图

图 5.2.28　广西柳州市李宁体育馆手绘图

5.2.15　哈尔滨大剧院

　　此建筑从造型上来讲刻画起来有一定难度，在明暗关系上来讲难度不大，共两种材质，一明一暗，重点在于重色材质的造型和明暗的结合要统一。如图 5.2.29、图 5.2.30所示。

图 5.2.29　哈尔滨大剧院实景图

图 5.2.30　哈尔滨大剧院手绘图

5.2.16　约旦皇家自然保护学院

　　此建筑注意两点：①建筑体块三个面的对比要强烈，暗部加重；②中间的玻璃窗要细化；另外，这栋建筑墙面留白处理是不太好的，最好是表现出石墙的材质！如图5.2.31、图 5.2.32 所示。

图 5.2.31　约旦皇家自然保护学院实景图

图 5.2.32　约旦皇家自然保护学院手绘图

5.2.17 巴伐利亚行政大楼

　　这张图的形体复杂，很容易找不到重点。本图处理上有两点值得注意：①向前的出挑部分应该弱化处理；②中间部分的细节刻画要有层次。如图 5.2.33、图 5.2.34 所示。

图 5.2.33　巴伐利亚行政大楼实景图

图 5.2.34　巴伐利亚行政大楼手绘图

5.2.18 西班牙文化空间展示馆

　　此建筑的难度是材质很统一，区分每个面的变化是本图的重点。同时，需利用好体块结合部位进行加重处理。如图 5.2.35、图 5.2.36 所示。

图 5.2.35　西班牙文化空间展示馆实景图

图 5.2.36　西班牙文化空间展示馆手绘图

图 5.2.37　中国爱乐乐团音乐厅实景图

5.2.19　中国爱乐乐团音乐厅

此建筑只要将两种材质玻璃和实墙的对比区分开就可以，难度不是很高。需要注意玻璃幕墙是两个面，应该区分开两个面的明暗对比。如图 5.2.37、图 5.2.38 所示。

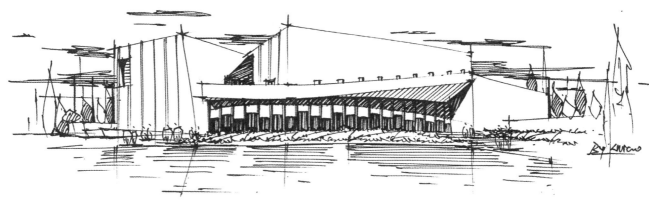

图 5.2.38　中国爱乐乐团音乐厅手绘图

图 5.2.39　迪拜世博会阿联酋馆实景图

5.2.20　迪拜世博会阿联酋馆

此建筑刻画的重点有以下两点：①建筑下重上轻，下虚上实的处理；②顶部的装饰线要弱化处理。如图 5.2.39、图 5.2.40 所示。

图 5.2.40　迪拜世博会阿联酋馆手绘图

5.2.21　智慧博物馆

此建筑最重要的在于玻璃材质和实墙的对比，同时，玻璃材质面积较大，对玻璃的刻画也是要注意到三个塑造元素（投影、倒影、亮部留白）。如图 5.2.41、图 5.2.42 所示。

图 5.2.41　智慧博物馆实景图

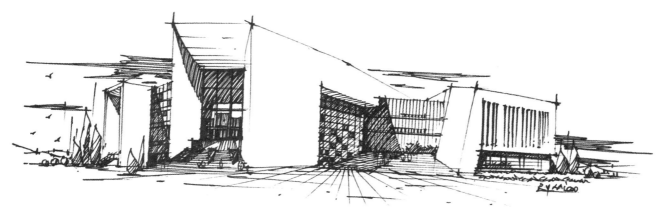

图 5.2.42　智慧博物馆手绘图

5.2.22　米兰世博会比利时馆

此建筑的重点有以下几点：①玻璃球要加重刻画；②实墙的明暗对比比较弱，要注意区分转折；③右侧建筑体块角部造型加重处理时要注意处理好块面转折。如图 5.2.43、图 5.2.44 所示。

图 5.2.43　米兰世博会比利时馆实景图

图 5.2.44　米兰世博会比利时馆手绘图

5.2.23 法国波尔多葡萄酒博物馆

图 5.2.45 法国波尔多葡萄酒博物馆实景图

本图刻画的重点有以下两点：①两种材质的对比要主观强化；②上面透明玻璃材质的渐变关系和细节处理是本图难点。如图 5.2.45、图 5.2.46 所示。

图 5.2.46 法国波尔多葡萄酒博物馆手绘图

5.2.24 西安交通综合体概念方案图

本图的重点有以下四点：①前实后虚的整体关系，把空间感刻画出来；②主体建筑的边界关系通过背景物体衬托出来；③对建筑主体的刻画要精致；④要注重投影的刻画，加大、加重投影部位的处理。如图 5.2.47、图 5.2.48 所示。

图 5.2.47 西安交通综合体概念方案渲染图

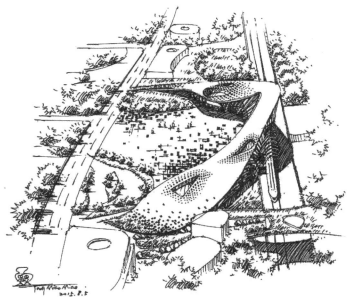

图 5.2.48 西安交通综合体概念方案手绘图

5.2.25　商丘博物馆

　　本图的重点有以下两点：①主体建筑要精细刻画；②整体图面的前实后虚、中间实四周虚的效果。如图5.2.49、图5.2.50所示。

图5.2.49　商丘博物馆实景图

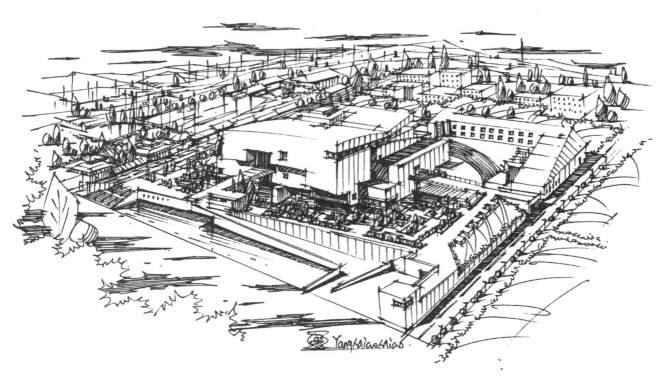

图5.2.50　商丘博物馆手绘图

5.2.26　重庆某综合体概念设计方案

　　此建筑刻画的重点有两点：①各种材质的对比，左侧窗体圆形造型刻画应该重一些；②背光面的墙体要适当加线，形成浅灰色调，与亮面有所区分。如图5.2.51、图5.2.52所示。

图5.2.51　重庆某综合体概念设计方案渲染图

图 5.2.52　重庆某综合体概念设计方案手绘图

图 5.2.53　新协和图书馆实景图

5.2.27　新协和图书馆

　　本图形体整体构图比较松散，在刻画上应该抓住下部集中刻画，削弱上部的形体。只有这样才能避免最终效果过于散的问题。如图 5.2.53、图 5.2.54 所示。

图 5.2.54　新协和图书馆手绘图

5.2.28　天津某综合体概念设计方案

此建筑刻画的重点有以下两点：①原图光源不是很明确，要重新确定光影关系；②强化下虚上实，下重上轻的整体关系。对上面的玻璃体要进行留白处理，不要加重。如图 5.2.55、图 5.2.56 所示。

图 5.2.55　天津某综合体概念设计方案渲染图

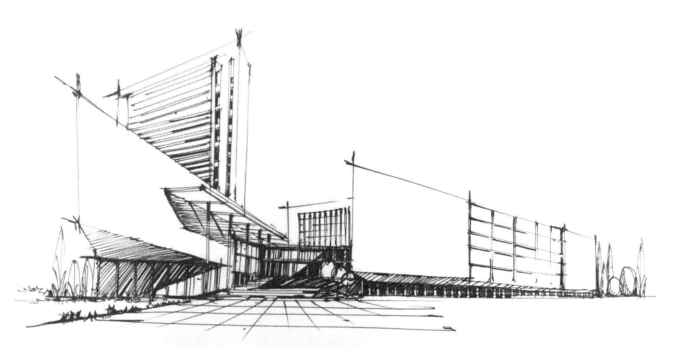

图 5.2.56　天津某综合体概念设计方案手绘图

5.2.29　飞行员别墅

本图注意以下两点：①玻璃幕墙和白色墙体的对比；②主次区分要明确，对比要强烈。如图 5.2.57、图 5.2.58 所示。

图 5.2.57　飞行员别墅渲染图

大禹手绘系列丛书　建筑手绘教程

图 5.2.58 飞行员别墅手绘图

5.2.30 上海某综合体概念设计方案

此建筑刻画的重点有以下两点：①下重上轻、下虚上实的材质对比；②建筑体上的开洞要随结构的透视方向旋转。如图 5.2.59 所示。

图 5.2.59 上海某综合体概念设计方案手绘图

5.2.31 海南某综合体概念设计方案

此建筑刻画的重点有以下两点：①"鲨鱼皮"似的建筑表皮的明暗过渡，以及"鲨鱼皮"材质上下曲面下重上轻的明暗对比；②整体关系的下虚上实，下重上轻的处理。如图 5.2.60 所示。

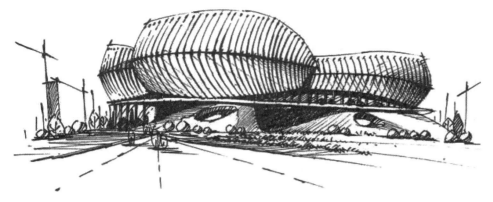

图 5.2.60　海南某综合体概念设计方案手绘图

5.2.32　大连某综合体概念设计方案

　　本图的重点为以下四点：①主体建筑要精细化处理；②河道留白；③河道周围的建筑围合要加重；④前重后轻、前实后虚的整体关系处理。如图 5.2.61 所示。

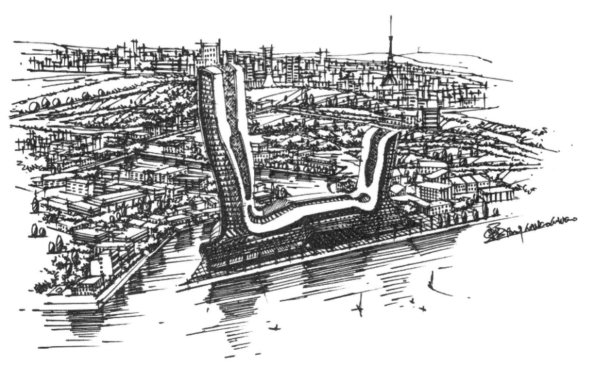

图 5.2.61　大连某综合体概念设计方案鸟瞰图手绘

5.2.33　重庆某综合体概念设计方案

　　此建筑图是大的鸟瞰图，这种图一般需注意以下四点：①建筑主体刻画要精细；②靠近建筑的周围环境刻画要重，远离建筑的环境刻画要弱化；③整体关系前实后虚，前重后轻；④注重投影的刻画。如图 5.2.62 所示。

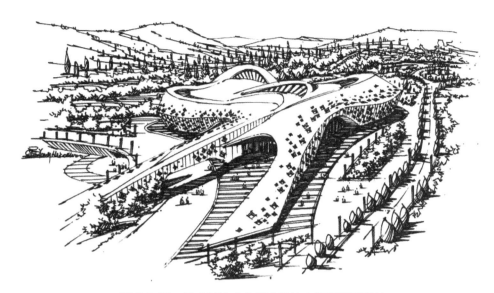

图 5.2.62　重庆某综合体概念设计方案鸟瞰图手绘

5.3　建筑手绘草图表现

以下展示的案例都是建筑画的草图表现，绘图时间大致在 15 ~ 30 分钟，纸张建议选用白报纸或草图纸。

5.3.1　丛林中的诺亚方舟

丛林中的诺亚方舟实景图与手绘图如图 5.3.1、图 5.3.2 所示。

图 5.3.1　丛林中的诺亚方舟实景图

图 5.3.2　丛林中的诺亚方舟手绘图

5.3.2　丝带教堂

丝带教堂实景图与手绘图如图 5.3.3、图 5.3.4 所示。

图 5.3.3　丝带教堂实景图

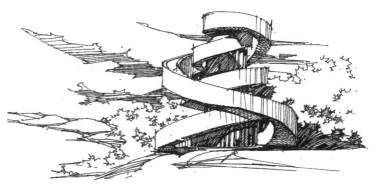

图 5.3.4　丝带教堂手绘图

5.3.3　瓦伦西亚艺术科学城

瓦伦西亚艺术科学城实景图与手绘图如图 5.3.5、图 5.3.6 所示。

图 5.3.5　瓦伦西亚艺术科学城实景图

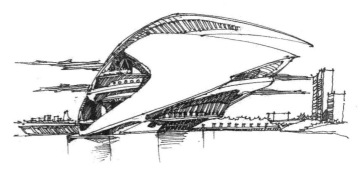

图 5.3.6　瓦伦西亚艺术科学城手绘图

爱因斯坦天文台实景图与手绘图如图 5.3.7、图 5.3.8 所示。

图 5.3.7　爱因斯坦天文台实景图

图 5.3.8　爱因斯坦天文台手绘图

5.3.5 西安工业大学图书馆

西安工业大学图书馆实景图与手绘图如图 5.3.9、图 5.3.10 所示。

图 5.3.9 西安工业大学图书馆实景图

图 5.3.10 西安工业大学图书馆手绘图

每张建筑图都附有视频，请扫码观看视频。全新展示方式，不一样的学习体验。

1. 蓬皮杜梅斯中心

注：从 57 分 40 秒之后开始。

2. 浙江美术馆

注: 从 1 小时 03 分开始。

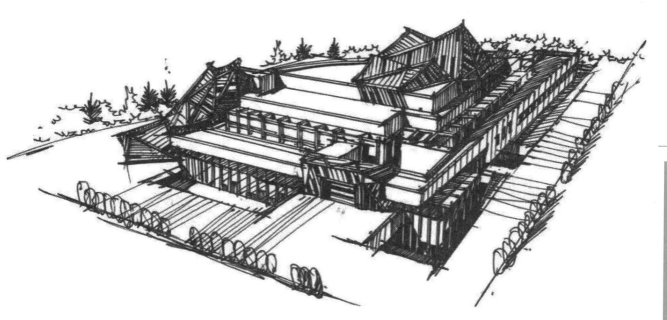

3. 某住宅

4. 珊纳特赛罗市政中心

注：从 47 分 40 秒之后开始。

5. 莫斯科文化和休闲会展综合体

注：从 1 小时 23 分钟之后开始。

6. 青岛邮轮母港客运中心

7. 卢加诺办公楼

注：从 25 分 01 秒之后开始。

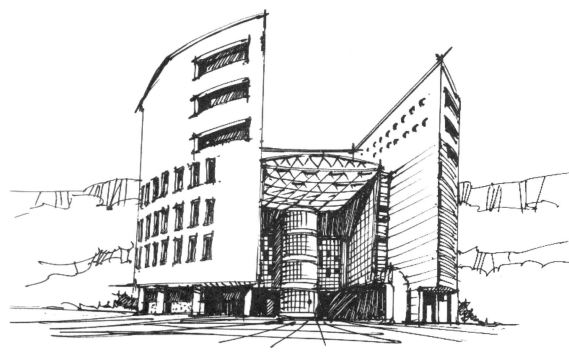

9. 拉维莱特音乐城

注：从 35 分 01 秒之后开始。

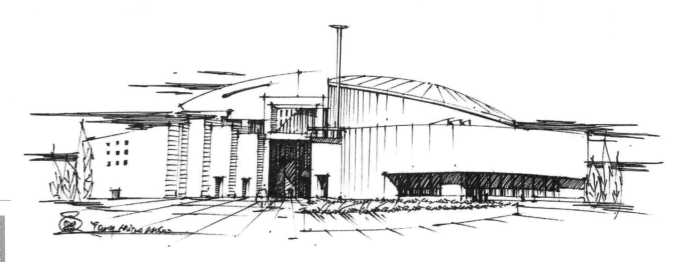

10. 福州五四北泰禾广场

注：从 6 分 14 秒之后开始。

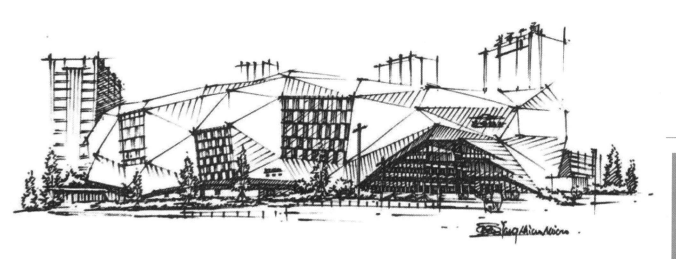

　　读书笔记是本书推出的一个建筑专业学生学习的趣味活动，旨在提高学生课堂外对建筑手绘方案的总结能力，并有利于手绘初学者对方案的积累和对设计素养的提高。下面是一些参与此活动的学生所完成的读书笔记作品，供大家欣赏。读书笔记的重点不是需要同学们画得多么漂亮，而是在绘制过程中加强对方案的理解和记忆，重点在于积累。想要了解更多关于读书笔记的内容，可以扫描左侧二维码，真心期待您的参与。

1. 东京 Tama 艺术大学图书馆

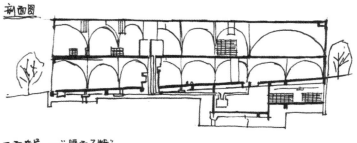

2. 桥上书屋

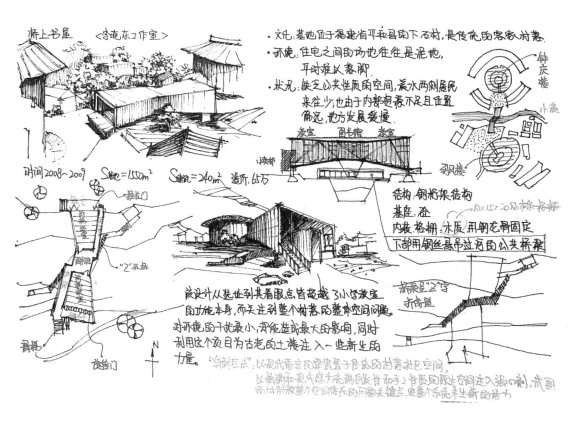

桥上书屋　＜李晓东工作室＞

· 文化: 基地位于福建省平和县的下石村, 是传统的客家村落.
· 环境: 住宅之间的场地往往是泥地,
　　　　平时难以落脚
· 状况: 缺乏公共性质的空间, 溪水两侧居民
　　　　来往少; 也由于内部交流不足且位置
　　　　偏远, 地方发展缓慢.

时间 2008~2009　S基地=1550m²　S建筑=240m²　造价: 65万

教室　图书馆　教室

结构: 钢析架结构
基座: 不
内装: 格栅, 木质用钢龙骨固定
下部用钢丝悬吊过河的公共桥梁

该设计从选址到其着眼点, 皆超越了小学教室
的功能本身, 而关注到整个村落的整体空间问题.
对环境的干扰最小, 却能造成最大的影响, 同时
利用这个项目为古老的土楼注入一些新生的
力量. "乡村话题": 以现代语言建筑置于居民的村落社区空间
以传统的现代德为元素把"生活"与"游手"的屋顶底生空间注入入口处, 试图
恰似新故建的空间还成的最关键之. 使整个院落复有新的活力

3. 南京河西万景园教堂

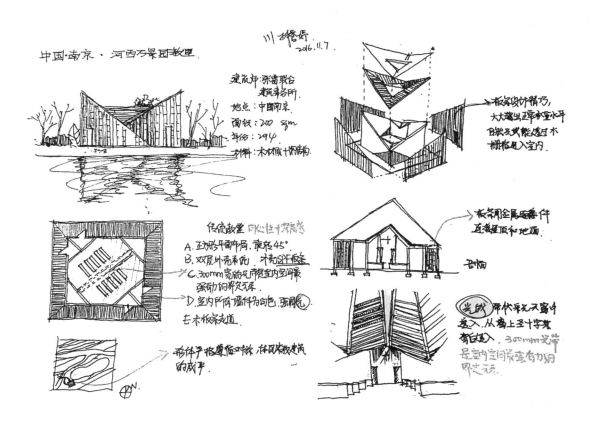

中国·南京·河西万景园教堂

川 张俊岭
2016.11.7

建筑师: 张雷联合
建筑事务所
地点: 中国南京
面积: 200 sqm
年份: 2014
材料: 木材板十钢结构

板条设计精巧,
大大遮出了较重的水平
日然之光能透过木
栅格照入室内

传统教堂的向心性十字架感
A. 正方形平面布局, 旋转45°.
B. 双层外壳系统, 木壳SPF板条
C. 300mm宽的光带限定室内到河景
移动的界定感.
D. 室内所用墙体的白色, 引用阳光.
毛木板条走道

形体严格遵循传统教堂建筑
的成形

板条用金属连接件
直接盖至屋顶和地面

告解

光线 当代宗教空间
基入. 从窗上十字架
窗式采光. 300mm光带
是室内到景强有力的界定感

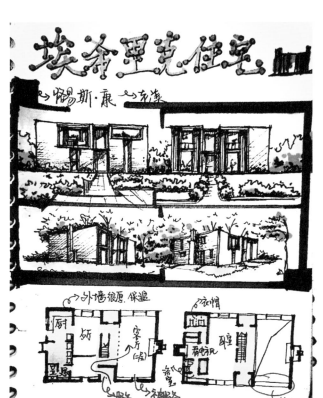

→路易斯·康 的元素

→外墙很厚·保温
→衣帽

厨 · 妹 · 客厅(一层) · 看电视 · 卧室

服务 · 被服务 · 书柜

简单的方盒子住宅. 简单, 舒服. 显得个优雅的
单身女性. →T字窗

你值得拥有!

→大书柜

没错. 最喜欢这!

与面是大书柜. 二层高. 明亮宽敞.
剖室而那段走廊. 接左屋子中间. 很强
接触分隔他们. 而其本身又是联系的交通
空间!

但是·接下来·····劳资就不爽了!

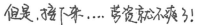

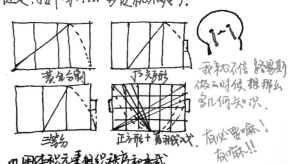

黄金分割 · 九宫格

三等分 · 正方形+对角线

① 用体积元素组织秩序和木载
② 几何与建筑美学的结合
③ 精神性

我就不信 路易斯·康
做的时候想那么
多几何知识.

有必要嘛!
有嘛!!

黄金比例 不过是
人而三夜王眼 让人钦佩
用得着这么分析吗?
当数学来算呀呀!

(路易斯·康)

对于那些低能的建筑师来说. 建筑不过是挣钱
而来源. 而不像他所在意的那样, 一 创造美感
而艺术. 对我来说. 建筑不是务. 而是我所崇敬.
我所信仰. 我为人类幸福. 享福而为之献身的
事业.

低能啦~
可是他妈的那么多个
低能建筑师那地不死呀

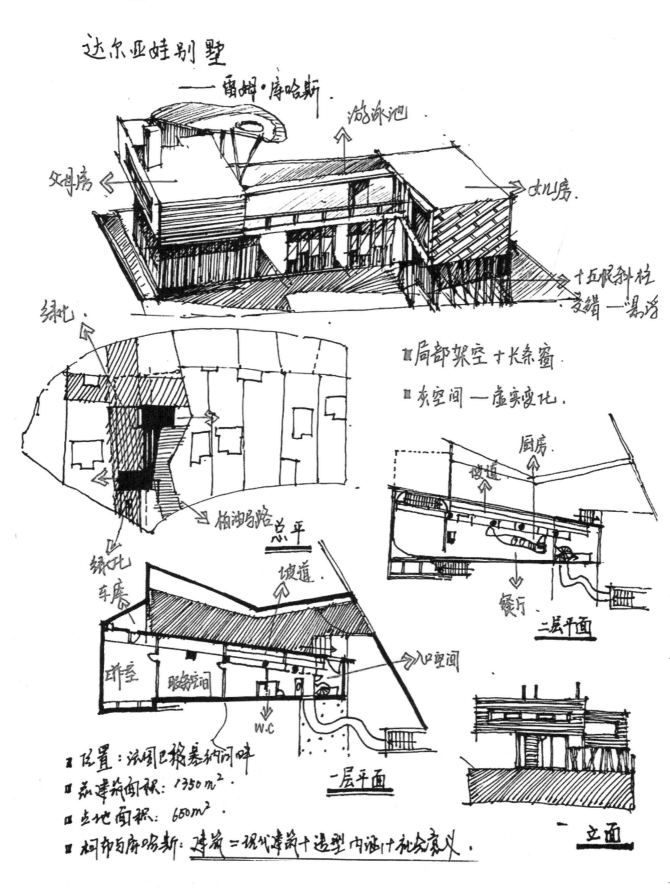

达尔亚娃别墅

——雷姆·库哈斯.

游泳池

父母房

奶房

十五眼斜柱

交错一悬浮

绿化

局部架空 + 长条窗.

灰空间 — 虚实变化.

柏油马路 总平

厨房

坡道

餐厅

二层平面

坡道

绿化

车库

卧室

服务空间

W.C

入口空间

一层平面

立面

■ 位置：法国巴黎圣术阿味.
■ 总建筑面积：1350m².
■ 占地面积：650m².
■ 柯布与库哈斯：建筑＝现代建筑＋造型＋内涵＋社会意义.

6. 波尔多住宅

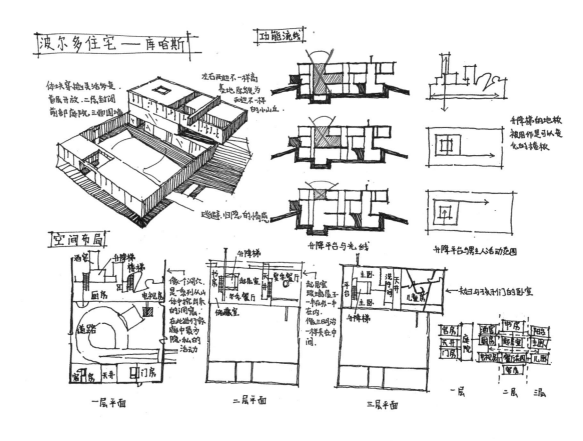

7. 镜水洞天的 F 咖啡馆

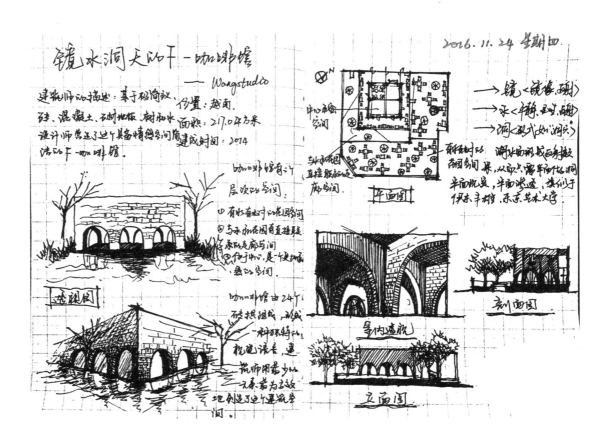

8. 金泽 21 世纪美术馆

金泽21C美术馆.　21st CENTURY MUSEUM OF CONTEMPORARY ART. KANAZAWA.

SANNA
妹岛和世(Sejima)
西泽立卫(Nishizawa)
2004年
钢框架.钢混)
直径: 112.5m.
总建筑面积: 27900m²

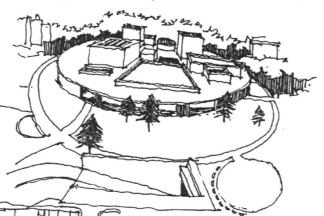

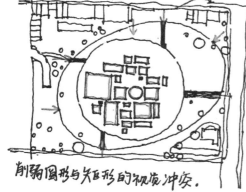

削弱圆形与矩形的视觉冲突.

没有唯一正面的圆形平面,具有均质,连续的开放界面,使得城市的各个方向人流对美术馆的可达性均等,市民可以自由地从城市的各个方向进入美术馆,而"矩形和方形平面不可能使得整个外立面都成为正面.

二层以上开起的大体积体,又在城市肌理上取得了与周边建筑的呼应关系.而圆形作为一种稳定独立且具有强烈向心性的形态,自然而然地使美术馆成为整个场地的核心.

□ 展示空间
■ 辅助空间
□ 交通休息空间

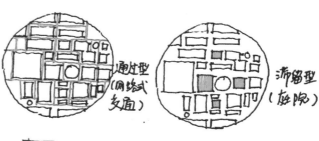

通过型
(网络式交通)

滞留型
(庭院)

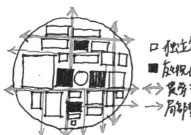

□ 独立空间
■ 放映(共有)
↔ 贯穿型视线通廊
→ 局部漫游型视线通廊

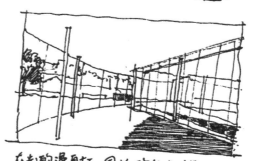

在光的漫射下,圆柱的边缘模糊,白色墙壁,白色屋顶的背界中,呈现出白色轻盈的感觉.

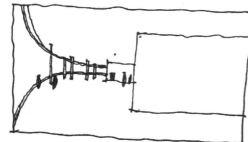

墙体是由双层钢板组成消将种管道置于双层钢板的空腔之内.墙的真正厚度为单层钢板的厚度,通过墙体的薄 表达出建筑的轻盈.

64一郭代
2016.11.25

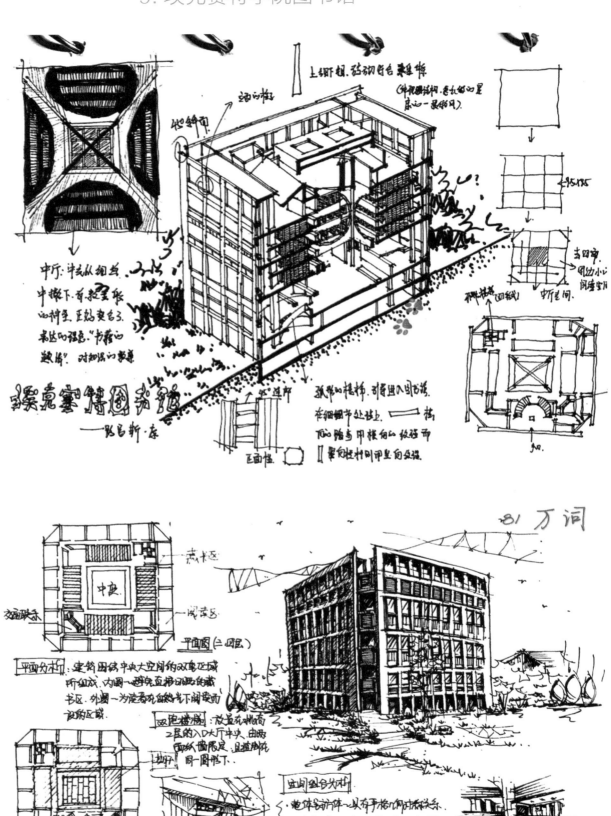

10. 韩国 DH 三角形学校

韩国京畿道 DH 三角形学校（DH Triangle School） 〈Unchang Na, Sorae Yoo〉

建筑设计: NAMELESS Architecture
地址: 韩国, 京畿道, 南杨州市
面积: 2628.0 m²

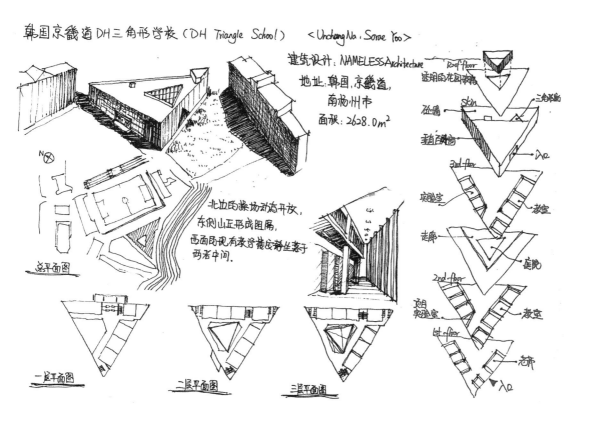

北边的操场动态开放，
东侧山正形成阻隔，
西面忽视有教学装区将生落于
两者中间。

总平面图

一层平面图   二层平面图   三层平面图

Roof floor
透明的花园屋顶
砖墙　Skin　三角形院
植面窗
3rd floor　入口
实验室　教室
走廊　庭院
2nd floor
朗实验室　教室
1st floor
入口

11. 瑞士劳力士学习中心

瑞士劳力士学习中心 —— 妹岛和世，西泽立卫 理念 "把建筑作为公园"
· 连续单层流动空间
· 13个庭院，四角起拱图

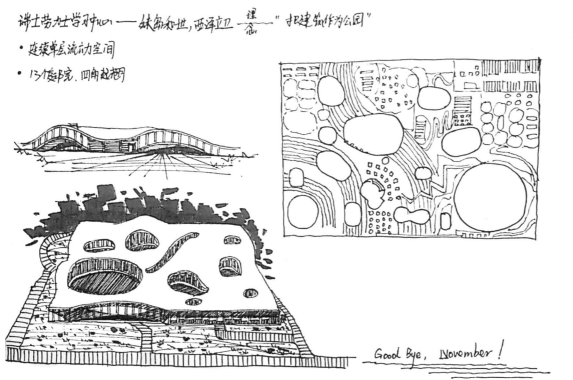

Good Bye, November!

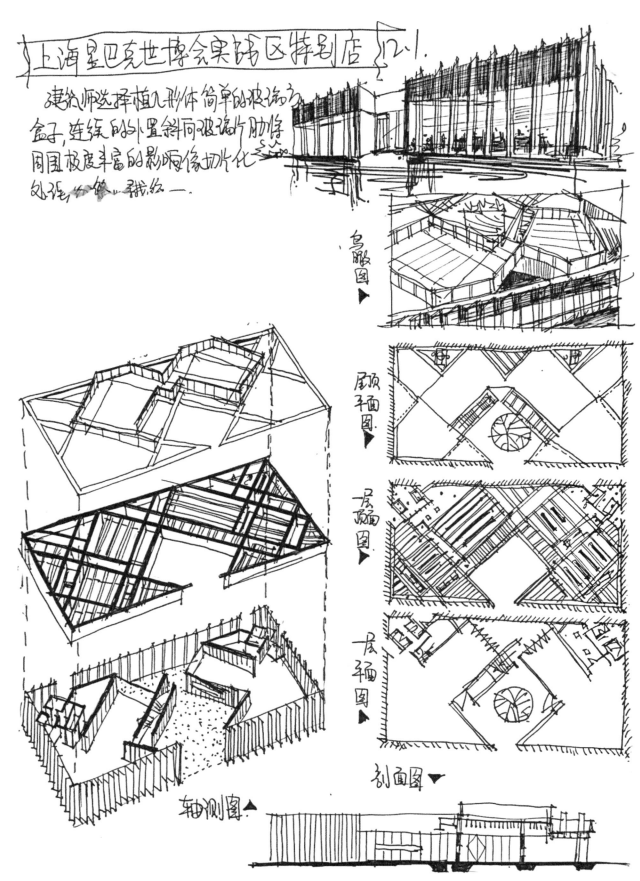

上海星巴克世博会实践区特别店 12.1.

建筑师选择造几形体简单的玻璃
盒子,连续的外置斜向玻璃竹肋将
周围极度丰富的影响像钝化
处理,外绘,截纹——

鸟瞰图 ▶

顶平面图 ▶

一层顶图 ▶

一层平面图 ▶

剖面图 ▶

轴测图 ▲

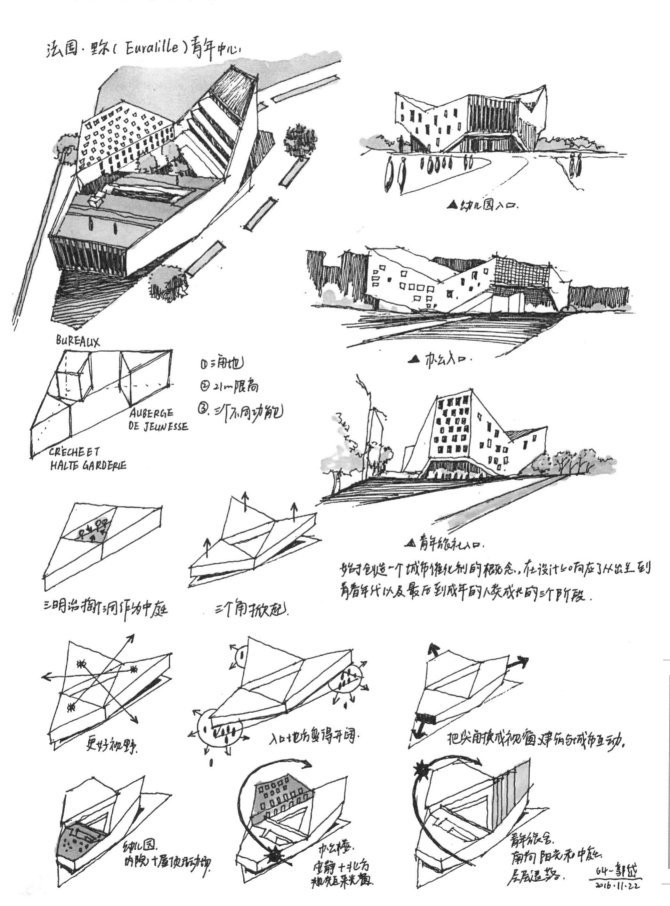

法国·凯(Euralille)青年中心

▲ 幼儿园入口.

▲ 办公入口.

BUREAUX

AUBERGE
DE JEUNESSE

CRÈCHE ET
HALTE GARDERIE

① 三角地
② 21m限高
③ 三个不同功能

▲ 青年旅社入口.

为了创造一个城市催化剂的概念,在设计上映射了从出生到
青年时代以及最后到成年的人类成长的三个阶段.

三明治掏洞作为中庭

三个角掀起.

更好视野.

入口地方变得开阔.

把尖角换成视窗建筑与城市互动.

幼儿园.
内院+屋顶活动场.

办公楼.
室外+北为
建筑采光面.

青年旅舍.
南向阳光和中庭.
层层退路.

64-郭斌
2016.11.22

索克生物研究学院
2016.12.065　——路易斯·康

项目时间：1955-1965年
项目地址：美国加州 圣迭戈市
　　　　　拉霍亚北部悬崖上，
　　　　　西面大海
材质：清水混凝土
　　　木格栅（滑动叶窗）
　　　侧间遮光墙和滑动叶
　　　外部设置上部，室内外光
　　　线间的过渡。

1. 仪式感的空间肌理　三段式空间对比比例
灵感最初来源于意大利阿西西的修道院，
修士房间环绕着朴素的内院，中央是一口泉水。
提炼于方罗马巴西利卡的空间原型，一种综合用作
为礼拜、集会所与广场的大厅性建筑。

3. 对空间生活视线的屏蔽
中庭广场两侧的塔楼类似于教堂空间的
回廊，围合办公厅空间，同时保持着中央与
两侧空间的连通。
塔楼墙体的角度的实墙形成广场空间
的两面性：　科学家的日常办公
　　　　　　　居家的屏蔽，面向天空和

4. 朝向天空的立面
古空间精神性的创造

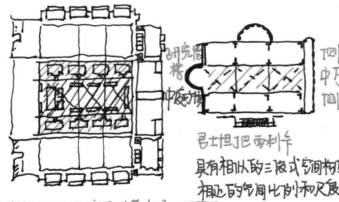

索克生物研究所中庭广场

君士坦丁巴西利卡
具有相似的三段式空间构成
相近的空间比例和尺度

柱廊：限定出中央的大厅空间
　　　区方空间的层次
　　　形成空间纵向的方向性

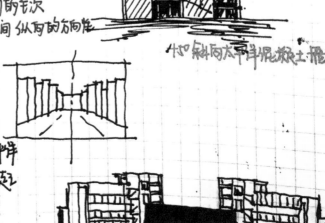
45°斜向大平洋混凝土墙

2. 空间中心对称的指向性
中庭广场采用完全中心对称的空间构成
强调了轴线对称的空间指向性
水池始于矩形的源头并指向尽端的太平洋
源头的回归处乡看隐喻，带来对于生命起
始的感觉的联想。

15. 木屋展示中心

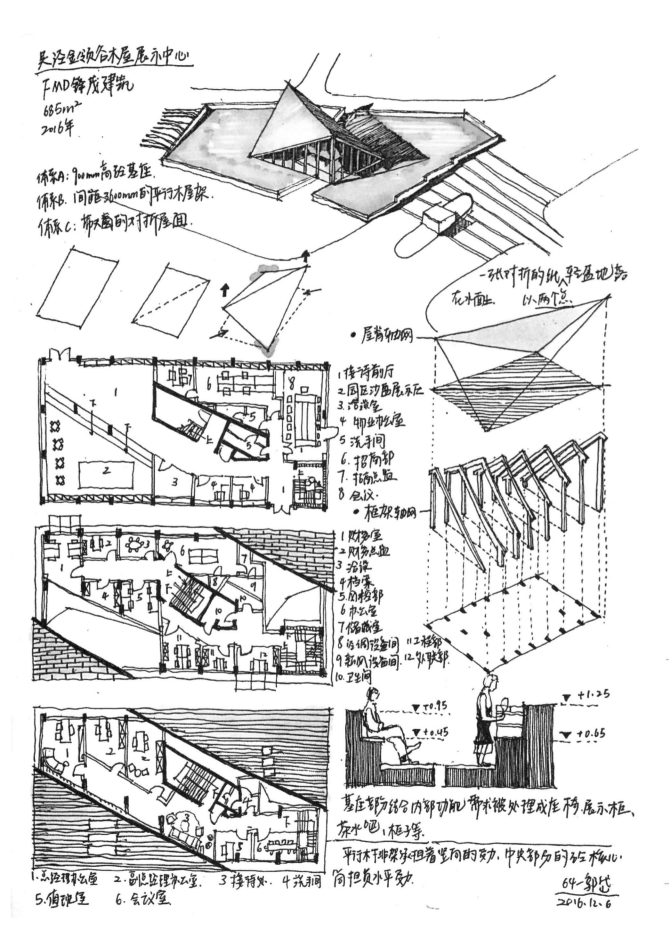

吴泾金领谷木屋展示中心
FMD锋尚建筑
685m²
2016年

体系A：900mm高架基座.
体系B：间距3600mm的平行木屋架.
体系C：布大面的对折屋面.

一张对折的纸轻盈地落
在水面止. 以两个支点.

• 屋脊轴网

1.接待前厅
2.园区沙盘展示区
3.活动室
4.物业办公室
5.洗手间
6.招商部
7.拓商总监
8.会议

• 框架轴网

1.财务室
2.财务总监
3.洽谈
4.档案
5.网络部
6.办公室
7.储藏室
8.污洞设备间
9.新风设备间
10.卫生间
11.工程部
12.公联部

基座部分结合内部功能需求被处理成座椅、展示框、
茶水吧、框子等.

平行木桁架承担着竖向的受力，中央部分的支撑核心，
简担负水平力等.

▽+0.95
▽+0.45

▽+1.25
▽+0.65

1.总经理办公室 2.副总经理办公室 3.接待处 4.洗洞
5.值班室 6.会议室

64-郭越
2016.12.6

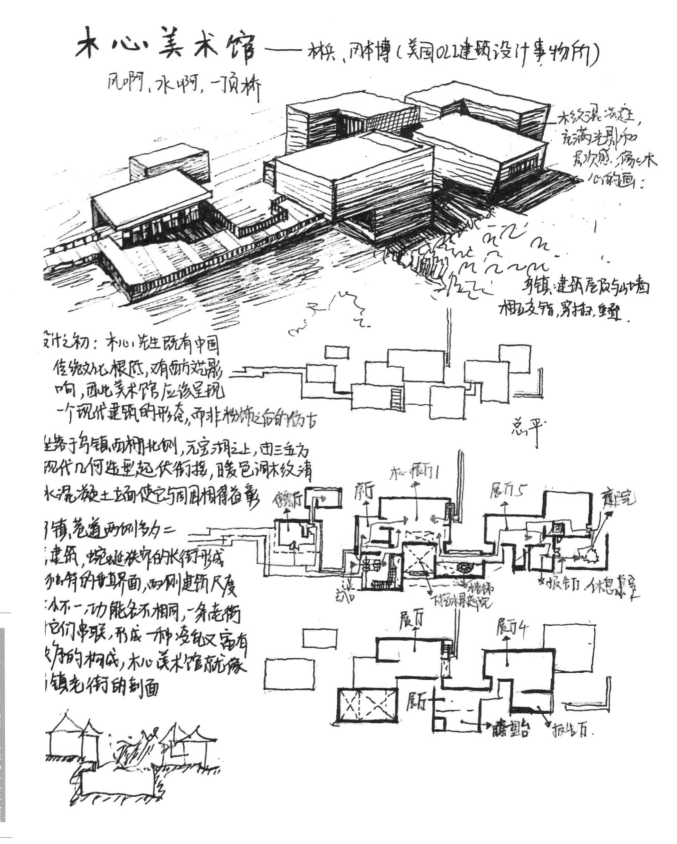

木心美术馆——林兵、冈本博（美国OLI建筑设计事物所）

风啊、水啊、一顶桥

设计之初：木心先生既有中国
传统文化根底，兼而西洋影
响，而此美术馆应该呈现
一个现代建筑的形态，而非枞饰之古的仿古

坐落于乌镇西栅北侧，元宝湖之上，因三主为
现代几何造型起伏衔接，暖色调木纹清
水混凝土墙使它与周围相得益彰

乌镇巷道两侧多为二
建筑，蜿蜒狭窄的长街形成
独特的街界面，两侧建筑尺度
也不一，功能各不相同，一条老街
把它们串联，形成一种凌乱又富有
序的构成，木心美术馆就像
乌镇老街的剖面

木纹混凝土，
充满光影和
层次感，像木
心的画

乌镇：建筑屋顶与山墙
相互交错，穿插、包叠

总平

展厅1
所
厅
展厅5
庭院

展厅

展厅4
厅
展厅
藤架台 报告厅

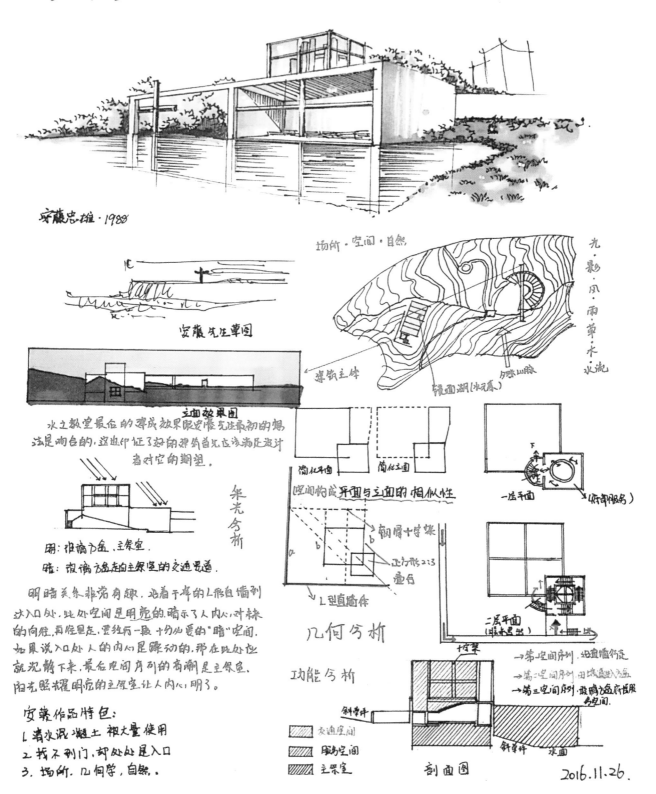

水之教堂

安藤忠雄·1988

安藤先生草图

场所·空间·自然

光·影·风·雨·草·水·水流

建筑主体

镜面湖(水池底)

夕暮山脉

立面效果图

水之教堂最后的建成效果跟安藤先生最初的想法是吻合的,这也印证了好的建筑首先应该满足设计者对它的期望。

光光分析

用:混凝土方盒,主祭室.
暗:玻璃方盒连接的主祭室的交通甬道.

明暗关系非常有趣,沿着平岸的L形自墙到达入口处,此处空间是用暗的,暗示了人内心对神秘的向往,再往里走,更给人一般十分让更的"暗"空间,如果说入口处人的内心是躁动的,那在此处也就沉静下来,最后空间序列的高潮是主祭室,阳光照耀明亮的主祭室让人内心明亮。

安藤作品特色:
1. 清水混凝土被大量使用
2. 找不到门,却处处皆入口
3. 场所,几何学,自然.

简化平面   简化立面

[空间构成]平面与立面的 相似性

铜质十字架

正方形2:3
叠合

L型直墙体

几何分析

功能分析

一层平面   (内部服务)

二层平面(跳水层面)

→第一空间序列:坦直墙指向
→第二空间序列:由此进入方盒
→第三空间序列:玻璃方盒服务空间.

十字架

斜草坪

交通空间
服务空间
主祭室

斜草坪
水面

剖面图

2016.11.26.

18. 水御堂

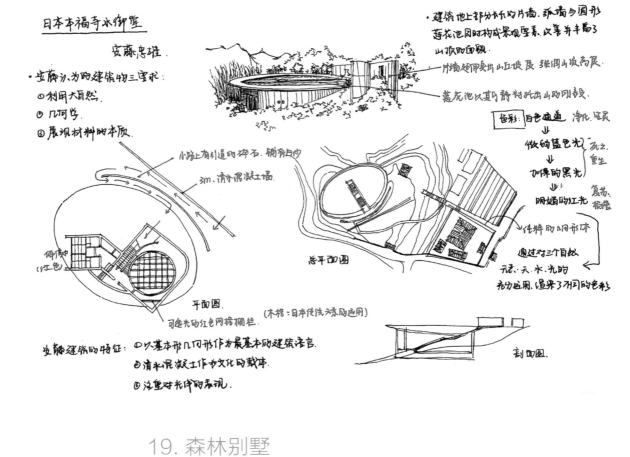

日本本福寺水御堂

安藤忠雄.

・安藤认为的建筑物三要状:
①利用大自然.
②几何学.
③展现材料的本质.

小路上有引道的碎石.铺满白砂.

3m.清水混凝土墙.

御御堂
(红色)

平面图.

(木格:日本传统元素的运用)

可走先的红色网络栅栏.

安藤建筑的特征:①以基本形几何形作为最基本的建筑语言.
②清水混凝土作为文化的载体.
③注重对光体的表现.

・建筑地上部分为东西的片墙. 弧墙与圆形
莲花池同时构成景观要素. 以华并丰富了
山顶的画面.

片墙超御受出山坡度. 张调山坡高展.

莲花池以其静封托出山的阳影.

色彩: 日色通道 净化.纯灵
↓
做的蓝色光 死之. 重生
↓
加保的黑光 复苏.振昆
↓
明媚的红光
(传神的阳形体

通过对三个自然
元素.天.水.光.的
光的应用.温染了不同的色彩.

剖面图.

19. 森林别墅

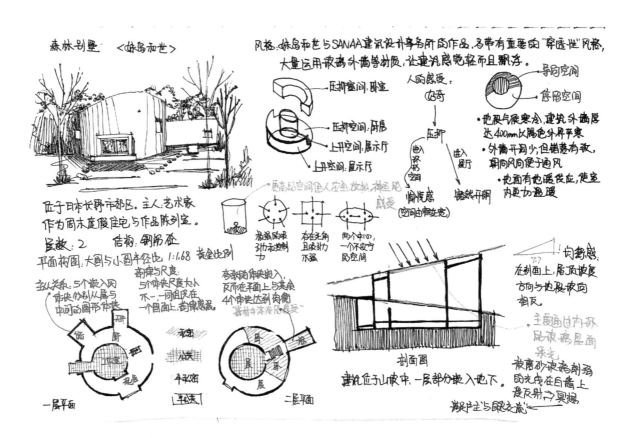

森林别墅 〈妹島和世〉

位于日本长野市郊区.主人:艺术家
作为周末度假住宅与作品陈列室.

层数:2 结构:钢筋架
平面构图:大圆与小圆半径比.1:1.68 黄金比例

压抑空间.卧室
压抑空间:卧室
上升空间:展示厅
上升空间:展示厅

风格:妹島和世与SANAA建筑设计事务所的作品.多带有重要的"穿透性"风格,
大量运用玻璃外墙等材质.让建筑感觉轻而且飘浮.

导向空间
信阳空间

・地取与很寒态.建筑外墙厚
达400mm长隔色外界严寒.
・外墙开洞少.但错落有致.
朝向风向便于通风.
・地面有地暖反应.使室
内更加温暖.

剖面图

建筑位于山坡中.一层部分嵌入地下.

在剖面上.屋顶坡度
方向与地取坡向
相反.

被磨砂玻璃削弱
的光线在白墙上
浸反射子冥想.

石上纯也：一个混凝土的餐厅与住宅

1. 住宅和饭店的结合体
2. 酒窖殿
3. 预算低
4. 像石头一样坚固的建筑
5. 施工难度低
6. 不要太多的技术

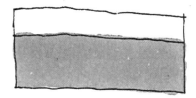 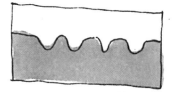 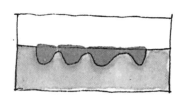

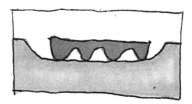 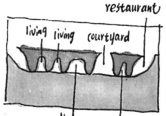 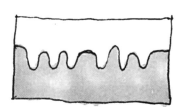

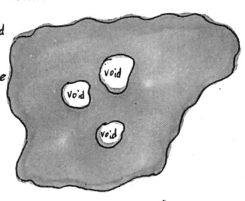

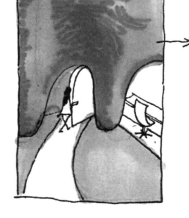

在基地石上挖一个洞，然后在这个洞里面填上水泥，再把多余的土挖掉，然后这个建筑就完成了。

室内的质感，类似带着土的混凝土，这是由于混凝土在土壤底中凝固形成的质感。在其中放上家具，安上玻璃。

"自由建筑"是在某种风格和主线确定之前，所产生的一系列不确定的、多样的、相互影响的建筑建构方式。在地质层以下，同时又在材料和貌上对建筑的可能性进行纯粹地探索。

暧昧、不确定的、虚幻的理想状态。空间彻底被解放。

64-郭帅
2016.12.10

大禹手绘培训机构是全国唯一一家由建筑老八校和美院老八校毕业生为师资力量的手绘、考研专业培训机构，是具有建筑院校和艺术院校双重优势的培训机构。自 2009 年成立以来发展至今，一直注重于手绘艺术与设计的结合，这一办学思路更是根植在大禹的所有课程之中。

现大禹手绘共有 5 大校区：北京、西安、武汉、郑州、重庆。仅在 2016 年暑假培训中，五大校区共招生人数近 6000 人。在建筑学专业，大禹仅 2017 年上半年便招生近 3000 人，参与大禹独家创办的线上建筑手绘游戏者超 3000 人，大禹手绘无疑已成为中国规模最大、满意度最高的专业手绘、考研培训机构。

大禹手绘系列丛书

大禹手绘系列丛书是大禹手绘培训机构基础部的金牌教师们通过多年的手绘教学经验，总结而出的设计类各专业的权威手绘教程，同时也是大禹手绘培训班的课上辅导教材。丛书共包含 4 册：建筑手绘教程、规划手绘教程、景观手绘教程、室内手绘教程。经过大禹手绘老师们长时间的积累探索，大禹手绘基础培训正在慢慢向实战型手绘培训发展，在注重基础手绘的同时更注重其实际运用，"学以致用"一直是此系列丛书的指导思想，让学生通过本书的学习，学到的功夫不仅仅停留在会使用花拳绣腿似的花招数上，更重要的是提升其方案生成能力和图面表达能力，这才是设计类学生最不可替代的硬本领。

本系列丛书可供建筑、规划、景观、室内等设计相关专业低年级同学了解手绘、高年级同学考研备战，也可供手绘爱好者及相关专业人士参考借鉴，使学习、考研、工作三不误。

建筑手绘教程　　　　规划手绘教程　　　　景观手绘教程　　　　室内手绘教程